U0579732

于静默处得见大世界

俐安心语

朱俐安 著

漓江出版社

桂林

**作者
简介**

朱俐安

- 　　上海正觉商务咨询有限公司创始人
- "工作道""关系禅"的倡导者、践行者和传播者
- 业绩倍增的"立体金字塔理论"创始人
- 领导力训练专家

已出版专著

- 《立体金字塔——实现业绩翻倍的管理工具》
- 《做自己美好人生的指挥家——俐安心语》
- 《会发问的人赢得一切——TTT 五个一结构工具》
- 《美容院经营管理 108 问》
- 《金牌美容顾问销售实战教程》
- 《就这样征服听众——如何培养职业培训师的核心技能》

俐安心语

序

恒久为能
落地呈心

一转眼，从 2012 年 10 月 3 日到 2020 年 10 月 3 日，正好 2911 天，《于静默处得见大世界——俐安心语》要结集出版了。

当初写"俐安心语"是有意为之。皆因所见碎片化新闻或消息夺人眼目，耗人精气，所益不多。

自己不是记者，对各种不辨真假的消息不感兴趣，天天写流水账又无趣。

于是设想，利用现代的科技手段，写下自己的心里话会不会更真实？如果每个人都写心里话是不是更好玩？

于是，发愿写个十年，记录自我修炼的心路历程。

回头看，在最初几年写作心语的时候，我还是"执理为要，思辨为上"的。

作为按时睡觉、到点就醒的人，每天五点半醒来，静心，到六点半发一条心语已成规律。每天要么针对学员的问题回答，要么主动写下心内出现的观点。从来没有刻意求之。

中间遇母病故，彻底反思忏悔自己理性太过、不懂感恩的痼疾：一日悟到用工作逃避亲情和关系，感恩母爱无疆，大恸"子欲养而亲不待"啊！

然惯性使然，及至父亲病重往生，我才在电光石火般的心能交流中脱胎换骨。终于懂得：在时间的长河里，只有少思辨多劳动、少挑剔多陪伴、少说话多静心，才是正道。

理有千万，不证不得；道唯一心，非明不悟。

自己心不开，难遇千般美意；个人执着纠结，错过万千风景。

自我自私才是人生大敌，打开心门轻松无碍。

只有认清自己是小的，才有谦卑的臣服！归位即能获天地的恩典。

在这样的心路历练中，无内无外，心语自然流淌。人也愈发清晰明了，与自然，与越来越多的人开始了共振。

人生只要用明晰的目标让自己的想法、方法、做法合一，就能超越局限；

如果人能够把目标、对象、动作，作为修身、修心、修行的落点，必有机会用创新、服务、交流来展开生命全新的视野。

心若定，必能恒久做事不急不躁；

"俐安心语"是持续持心、观心、用心，用动作证心的结果！

《于静默处得见大世界——俐安心语》的出版，首先要感谢漓江出版社的符红霞老师及编辑们，也得感谢"俐安心语"公号的六万读者，他们遍布全球，每每有人与我短信，告诉我：当日心语解答了他们当天的困惑。

原来万物一体，众生一心，真实不虚！

感恩我的父亲朱学礼、母亲李桂兰，

用不干涉、不反对、不强迫在我心中植下心智独立的种子，用从容的离去告诉我"相敬即人生，忏悔即感恩"的真相。

感恩我的先生李启达，用自己的如如不动和允许向我展开关系的独立与自立自在！

感谢我的女儿李思萱、女婿林觉伟、小外孙女林星原，用和美的关系带来爱的疗愈！

感谢正觉课堂的所有学友，用大爱的灵性选择给予我无边的支持和滋养；

感谢"俐安心语"的万千读者，我们用将近十年的时间一起体会"早安！美一天"的同频共振；

感恩正觉公司张澜译为代表的伙伴们，他们任劳任怨，自动自发传播立体金字塔体系，持续走在服务企业家团队的修行道上；

感恩"工作道"的所有同修们，用自觉的能量意识和选择为自己打开生命的全新面向……

俐安合十

CONTENTS
目录

001 ～ 224

I

处世　　内外兼修
　　　　为上人

照见一切事相的"智"与通了一切事理的"慧"，恰恰是经由外在经历与内在心悟共同运作的结果。身心双运，内外兼修为上人。

处 世
修身

001 不要怕自己被忽略，人才从未被上天忽略。

人只要不自贱，必有作为。

修身则事易成，养心则福禄至。

"心不诚不明，性不静不定"^{憨山语}，

明心见性要靠"诚"和"静"。

心"诚"则内外合一，不自欺；

性"静"则动静自如，有定力。

内力俱足，则业风无力；

内有所藏，外必光润。

I
·

内外兼修为上人

处世／修身

要毁掉自己的一生，

最有效的方法是与一个有很多

严重问题的人建立关系，

以为自己能够改变这个人。

于静默处得见大世界

003　人只要去掉自己头脑中

各种概念带来的标准评判，

充分用眼耳鼻舌身意去全然体会一切：

风景、人物、事件……

就会活在最好的当下了。

I
·
内外兼修为上人

处世／修身

当我们学会安静，

一切繁忙奔波才会凸显价值；

当我们在安宁中面对自己，

生活真相才会显露。

"知止"是智慧也是修行。

于静默处得见大世界

005 比起舍弃有形之物，

人最难舍弃的是他所没有的东西。

大部分人沉迷于幻想从而忽略自己的一生；

还有太多人无法舍弃痛苦，

他们享受痛苦上瘾并因此独特性而遗世独立。

实际上都是因为太软弱，

所以无法进入任何实质性的关系。

I
·
内外兼修为上人
处世／修身

当学习是为了证明自己的资格、等级，

或证明自己的经验时，

只会增加自己的无明。

只有当学习是为了更好地活出

自己生命的内在光辉，

真正的智慧会在打开的心门相遇，

并直接抵达灵魂深处。

那个内在的频率开始启动时，

人才开始真正成长或转化。

否则，我们不过活在由经验带来的局限里，

或者固守在社会认可的光环中，

也许陶醉在财富强化的自大下。

于静默处得见大世界

许多人并不知道知识与了解的差别：

知识是前人根据经验给认识冠名的结果，

但冠名不等于了解；

知识本身并不能产生了解，

了解是知道如何去做。

知识是头脑的工作，

了解是身心加上头脑的共同参与。

不要积累知识欺骗自己，

要体悟正在做的一切了解自己。

I

•

内外兼修为上人

处世／修身

阅读不是为了寻找故事或某种激情，

是用来滋养我们的心灵与认知。

阅读让我们超越那些"八股"和空话，

在分享所有作品故事和人物的伟大命运中，

全身心投入、体验、感受，

然后获得它的本质：

得以"把更多生命注入没有边界的时间"，

从而扩大我们的生命。

为此，你必须懂得什么是一本好书，

免得浪费时间。

可惜，这判断力要读过很多

糟糕的作品后才能获得。

为此，心灵应该留在觉知的家中，

直到头脑的偏见与无知被清洗干净。

于静默处得见大世界

009　想要帮助别人之前，

先要懂得帮助自己，

用帮助别人做借口

避免面对自己内在的冲突与无解，

是人们经常做的事情。

清醒地觉察到每一刻的自我，

其内在的宏阔与矛盾令我们

不敢想象能够帮助到任何人。

一个人就是宇宙。

I
·

内外兼修为上人

处世／修身

学生不能完全理解老师的深度，

由此才可能开始接受老师的给予。

只有把知道的全部给出去，

老师的成长才有可能；

人一生可以有很多老师，

从每一位老师身上，

我们得以学习到我们身上未被开发的，

从而获得认识自己的更高能量。

于静默处得见大世界

011　当别人的痛苦遭遇没有唤起我们深切的悲悯，

那只说明一件事：

我们自以为很幸福的生活可能十分肤浅。

精神的感受能力与生活中的

实际投入程度有关，

和其他关系不大。

I
·
内外兼修为上人
处世／修身

爱是给予的能力而不是要求的砝码,

懂得是因为经验过而不是听说过;

相爱的人不谈条件,

相知的人不用开口。

凡是向众人证明自己的人都走在长大的路上,

那些成熟的人因为懂得而活在他的当下。

于静默处得见大世界

013 所有不宽恕皆因我们与所面对的

对象相比还很柔弱；

一旦我们自心成长到足够丰满强大，

如大海和高山一般，

还有什么不可被包容呢？

当臣服心出现，

宽恕立刻诞生！

I
·

内外兼修为上人

处世／修身

014　人生成长正如破茧而出的蚕蛹化蝶，

一切遭遇早已注定，

一切遇见都是功课。

逃避，不及格还得再次重遇，相当于补考；

接受并思考，及格；

思考后，接纳并满足，优秀。

每个人都与自己的经历相得益彰，

这就是人生的真相。

于静默处得见大世界

015 人生是通过未知抵达自己的过程。

婴孩每一天都在清楚地演示成长的真谛，

成人却习惯用经验来判断未知，

用安全来遏制冒险。

岂不知，利用一切可能去做超出习惯的事情，

才可能探索出自己真正的潜能，

才可能扩展人生的边界。

这需要内在的能量驱动！

前提是你能否真正听到自己内心的提示。

想要做到这一点，

远离欲望喋喋不休的喧嚣，

让自己安静下来是必要的。

I
·
内外兼修为上人
处世／修身

人最大的责任是成为自己。

不论性别，幸福的人都是内心明确知道

自己是谁的人。

在关系中明确角色，

在群体中知道位置。

凡是依附者，人生必然残缺；

凡是无知者，生命必然虚度。

不论做什么，只要有坚持的恒心

和不畏千夫所指的勇气，

就一定会成就完整的自己。

于静默处得见大世界

017　美是一种不自知的天然之态。

凡自知皆属刻意；

一刻意就沾了造作的意态，离美甚远。

修行合一在于用"忘我"摆脱刻意，

做到浑然无我之境时，

美则呈矣。

I
·

内外兼修为上人

处世／修身

没有坚执的毅力不要谈放下。

每一个执着的爱好都是通往解脱烦恼的大道。

人最怕的不是有贪爱求取之心，

而是怕不能通过贪爱求取发现无聊。

任何彻底执着的背后都是虚空。

只有追求到极致才有放下的真相。

大部分人面临的关键不是放下，

而是坚执到底的能量"有没有"

和"多与少"的问题。

于静默处得见大世界

这个虚幻的自我脆弱不堪一击：

他用成功做挡箭牌，放弃生活；

用奋斗激励自己却失去朋友的信任；

用未来的许诺放弃对家人的责任；

用锋利的批判与嘲讽掩盖失去行动力的真相；

用对酒当歌、美人在怀点染自己欲望的仓库，

却从未试图点燃生命的火焰……

末路已近，沿途一切令人沉溺。

大部分的人不圆满是因为他本可

通过经历悟道，

却选择在纠结中受困。

I

·

内外兼修为上人

处世／修身

封闭以舒适和满足自我为标志，

成长以不适和突破经验为边界。

舒适是死亡的另一种说法，

阵痛是长大的另一种证明。

学习突破头脑的禁锢和经验的牢笼，

我们才会回到生命动力的无限源头。

除了浩瀚无垠的源头体验，

其他都黯然失色。

于静默处得见大世界

021　如果你能把"失败"这个词从你的头脑删除，

你就会远离恐惧，

活出完全不一样的人生。

去勇敢地经历一切，

那就是活着的功课。

I
·
内外兼修为上人
处世／修身

所有自以为是的人都会受到打击和挫折。

这是一种警示。

挫折越大预示着自我越大，

我执越强。

没有什么打击或失败不是预警：

提示我们活在自我头脑的局限里。

只有失败能让人回到现实。

正是从这个意义上讲：

失败才是觉醒的礼物。

于静默处得见大世界

外面什么都没有，

你对外界的所有猜测都属于内在的投射。

恐惧的人用占有抓住任何东西或人，

空虚的人用议论别人或物来填满自己的时间，

丰富的人独自在寂静中品味生命。

那最美的感知都属于绝对的个人经验，

是任何语言都无法到达的所在。

I
·

内外兼修为上人

处世／修身

024 欲望是能量，

失控的能量会带来毁灭。

生命在于节制，

正如东方艺术中的抽象和留白。

那说明了：一颗恬淡宁静的心

有余力活出美，

有时间品鉴美，

并能在怡然自得中成为美本身。

给自己的心以闲暇，

给自己的生活留白，

既可以有辗转腾挪的应变，

也可以有晚笛横吹的惬意，

自由就已经来到了。

于静默处得见大世界

当你收集知识时，

它只是强调了自我的高大，

而与幸福无关。

通常，越多的知识越容易带来

比较的消耗和敏感的痛苦。

而智慧对于人的幸福帮助更大：

在知足常乐的当下，

人们更容易活出生命的本来面貌。

每一天，每一刻，每一个呼吸都如此真实。

没有杂念才透彻，

没有联想才真实。

I
·

内外兼修为上人

处世／修身

026　安全永远来自内心。

任何对于他人的执着

都是对于自己内心的忽略。

没有弄清自己是谁的人，

永远在忙碌中失掉此生。

于静默处得见大世界

　　所谓"天真"，

就是干净而无评判地活出自己！

人一造作，就有矫饰之心，

内里不过是自卑下的自大，

或自负后的狂妄，

或试图证明的努力。

其实，对于宇宙来说，

人的一生不过须臾，

只畅快而自然地活出天然就好。

I

·

内外兼修为上人

处世／修身

比起打开封闭的心，

所有攀登顶峰都是小菜；

与俗世的建功立业相比，

改变设限的头脑才是人生最艰巨的事业。

自修才能自度，

知己才能达人。

于静默处得见大世界

029　一旦品尝到内在自由的滋味，

一切世间诱惑都会失去机会。

享受一切但不贪婪，

经历一切但不执着，

参与其中但无所希求；

彻底的自由源于交付一切，

才能成为一切。

I
·
内外兼修为上人

处世／修身

030 没有什么道路比探索内在更崎岖，

没有什么烦恼比经历内在恐惧更黑暗。

不解决内在矛盾，

世界就不存在安宁的可能。

比起获得尘世的名声与金钱，

更高的荣光属于了悟自性的勇士。

于静默处得见大世界

031 没有知识的滋养，

人将在黑暗中摸索；

依赖于知识的获取，

却有失去整个人生的危险！

只有利用知识活出独特的自己，

自由才会向我们招手。

I

内外兼修为上人

处世／修身

032　所谓"成长"，

就是敢于用心体验我们经验范围之外的一切。

它往往以"拒绝""反对"

和"质疑""冒险""恐惧"的模样出现。

世界的宏阔远远超出头脑的幻想，

只有身心灵一体的纯粹状态

可以带我们抵达彼岸。

于静默处得见大世界

033　控制是恐惧的根源，

担心是控制的表现。

不要用任何担心表达内在的不圆满。

允许自己放下对外界及他人的担忧。

好好爱自己才对。

I
•

内外兼修为上人

处世／修身

对境炼心。

险境现前，看到恐惧的面孔；

乐境之中，看到昙花一现的虚幻；

苦境当头，清明心生起的助缘。

没有触动，不知道自我的存在；

没有受伤，不知道自我的脆弱；

没有经历，人生如死亡一般了无意趣；

没有疾病，不懂得健康的珍贵。

人生中出现的所有人与事，

没有偶然，

都是教会我们感恩的非凡礼物。

于静默处得见大世界

真理也是物质，

不过它是极为精细的物质，

需要与之匹配的容器接收。

任何一个单一发展——只有肉体欲望，

或只有情绪感受，

或只有理智判断——的人，

很难成为最佳容器。

人要不断进化用感觉认识支配肉体、

用理智判断控制情感、用觉察考量分析的能力，

才会有能力成为真正觉醒的人。

正是由于此种原因，

东方的名言"人贵有自知之明"

与西方的"认识你自己"，

才成为最简明却易被忽略的真理。

I
·
内外兼修为上人
处世／修身

036 自视过高则需敞开，

否则僵化刻板，

不易活出天真自然；

心浮气躁则须戒言守静，

否则气耗神散，百事无成。

不要概念化自己，

不要动辄就给自己或别人一个标签。

真实的人生中，

动若脱兔与静若处子可以是同一个人。

当我们不再给自己及面前的人和事贴标签的时候，

世界才有机会展露它的美。

天真才是最难得的品质啊！

于静默处得见大世界

037 大爱不需要寻找，

它以"无我"的面貌存在；

慈悲不需要证明，

它以"无分别"显示；

洞见不可能被思考，它直接如闪电；

奇迹不可能被推论，直接臣服。

当你有了"空"的能力就会连接"无"的源头，

成为活着的能量本身。

I
.

内外兼修为上人

处世／修身

038　快乐是一份心灵的礼物，

到你终于尝到了自由的滋味，

它才显露无遗。

那必须要经历认真的自我约束才可达成，

不曾认真用过心的人无法与它相拥。

于静默处得见大世界

每个人都是被问题改变的！

如果我们认为自己没有问题，

一切改变都不会发生！

如果我们认为所有问题都与别人有关，

那我们就是最大的问题。

Ⅰ

·

内外兼修为上人

处世／修身

安于受，乐于给，

没有内疚的人才平和；

游于乐，精于技，

没有分别的人才享受。

有内疚即被敏感的自我腐蚀，

有分别即被道德的批判绑架！

于静默处得见大世界

最真实的事情是我们不可能改变任何人！

任何人的改变都取决于他自己。

不要对自己不能做主的事情瞎操心。

最难的是在一切变化面前保持行动的守心如一。

只有完整合一的人才会享受

内在的满足和外在的自由。

I

·

内外兼修为上人

处世／修身

那向外飞驰的欲望如果没有痛苦来提醒，

如何让膨胀的自我惊觉呢？

每一个我们视为不满意的残缺

都属于灵魂的功课，

是通往内在美的动力。

于静默处得见大世界

043　没有执着的力量就没有放下的分寸，

没有坚持的恒心就无从体会轻松的境界。

为别人着急的人会错过自己，

为过去哭泣的人是作茧自缚，

为未来担忧的人不过是无事可做。

如此而已。

I
·
内外兼修为上人

044 若是一个人向内在的黑暗进入得足够深，

他就有机会看到外面的世界；

反之，一个人若向外寻求自由到了极致，

他会返归内心，

过上安静自如的日子。

可惜大部分人都既不能够面对孤独，

也不能够让自己打破成规，

无法做到从心所欲的结果就是力不从心。

于静默处得见大世界

尽可能让自己的经历丰富

不如让自己的灵魂敏感，

努力让自己勤奋刻苦不如让自己快乐享受！

当爱是一种无求的冒险而不是有求的计算时，

我们的生活才有真正美好的体验！

警惕这个世间充满了太多正义的伪君子

而不是勇敢的冒险者。

Ⅰ
·

内外兼修为上人

处世／修身

046　干净而天真地成为自己，

不要包装，不要虚伪，

要与自己赤裸相见，

要与世界真诚面对。

我们会发现：

人的欲望就是需求，

对于需求的满足就是生活；

欲望的极致是渴望，

对于渴望的洞察就是解脱。

于静默处得见大世界

047　不要渴求成功而要走向自由。

成功是一种他人的界定，

警惕它生硬地割裂你的人生。

其实呢，每个人都有做自己的权利。

那意味着对自己负责！

对自己负责的人没有抱怨，

从而有机会转化自己对待外界的态度！

那些伤痛与挫折会成为人生的养料

而非颓废的借口。

给自己空间和时间享受一切美好舒服的日子。

I
·

内外兼修为上人
处世／修身

　不曾到过极致的人无法了解中庸的美，

不曾反抗过习俗的人无法理解生活的本质；

没有追求过自由的人无法在秩序中跳舞，

没有狂热爱过的人容易出轨。

精神生活的深度决定认识的高度。

认识的高度决定人生的满意度。

于静默处得见大世界

一个人倘若没有个性，

内在的力量是不够强大的；

一个人若没有爱好，

他的生命一定是无趣的。

皆因坚守个性需要与整个社会的习气脱离，

爱好则需要付出太多的精力与时间。

保持个性与爱好是一个人之所以成功的标志。

因为做"好人"则不能够好好"做"人，

没个性则会牺牲内在的特质。

做真实的自己

需要内外兼修的生命认知

方得外圆内方的守中之道。

I
·
内外兼修为上人
处世／修身

一朵兀自绽放的花

从不说自己装点了别人的窗户；

一个明了自心的人

也没有推敲他人言外之意的习惯。

简单以通透为背景，

自由以无我为前提。

于静默处得见大世界

051 小心欲望的执着，

会带人走入不归路；

警惕高尚带来的道德优越感，

它不过是小我的另一件华服。

活出精彩不在于任何外在的加冕，

一定是满怀热情度过生命的每一分钟。

I
·

内外兼修为上人

处世／修身

052　警惕披着"成功""时尚""贵族""佛"

等概念外衣的欲望表演。

身心合一的生活就是人生最本质的意义。

于静默处得见大世界

053 精彩永远与挫折有关，

胜利的喜悦与挑战的强度成正比。

离岸越近，浪花越美；

礁石越大，激起的浪花越高。

任何困难和局限都是激发潜能的机会。

Ⅰ
·
内外兼修为上人
处世／修身

相信是由毫无保留带来的确认。

单纯是爱的面孔，

只能被接受，不能被说出。

一旦你喜欢什么又在交流中有所保留，

就是有"私"。

你的面子一旦重过你爱的对象，

就会失去对方的信任。

任何一个用中立来面对所有事情的人

都不可能收获最佳结果。

中庸是心态，

极致才是状态。

055　如果没有敏感的心，

　　　就不会有纤毫毕现的痛苦；

　　　如果没有对于自己才能的确认，

　　　就无法找到减轻痛苦的方式。

　　　每一种受苦都提供了两条道路：

　　　沉浸其中或出离其外。

　　　其中结果因缘会聚，不可言说。

　　　命运也。

I

·

内外兼修为上人

处世／修身

更多时候矜持不过是对于

脆弱自我的一种包装而已。

真正无畏的人是因勘透而敞开的容器：

自在而自由，由行有得，有心无住。

"无挂碍"的真谛不在于"没有"

而在于"过而不执"。

于静默处得见大世界

倾听意味着不辩解不解释地全然接受。

任何对于自我标准的肯定都意味着

对于超出自己经验的拒绝。

成长路上，我们应该警惕的

不是别人的干扰而是固执己见。

I

·

内外兼修为上人

处世／修身

058　一个人成功前总是要受到非议，

那是不同于一般人的报偿。

要知道，一般人以议论不一般的人为己任。

所谓"不一般"的标志：

内在爱的火焰充分燃烧，

热能与光会穿透所有黑暗与寒冷，

直抵需要的地方。

心能一开，阳光乍泄；

心门死寂，烈日如冰。

有没有阳光与晒不晒太阳是两回事。

世界因你而异！

于静默处得见大世界

059 用心的人没有努力带来的辛苦，

用力的人没有思虑带来的烦恼，

用脑的人因为岔路多想法丰富

反而会脱离"实在"的基本面。

活在事实中的人没烦恼，

活在想象中的人无法行动。

I

•

内外兼修为上人

处世／修身

060 比起外面的花花世界，

真正地面对自己才是生命最深的冒险。

于静默处得见大世界

在劳动中得到"忘我"的乐趣的人

一定不会辜负此生。

"劳动出智慧""勤劳得真知""天道酬勤"

说的都是一个意思:

多动手、少动脑。

世间事想不明白,做才恍然大悟。

这就是"五一"成为节日的根本原因。

I
·
内外兼修为上人
处世／修身

太阳总是沉着地按时升起，

各种云朵不过是壮丽多姿的日出之点缀而已。

有志向的人勇往直前，

各种喧哗不过是成长之交响乐的背景。

对于有目标的人来说，

定力比才华重要，

信心比资源重要，

行动比讨论重要！

于静默处得见大世界

063 假如聪明能够向内求看见安静的自己

就离智慧不远了。

越简单的事情做起来越不容易，

那后面去伪存真的过程才是价值所在。

I

．

内外兼修为上人

处世／修身

经验是用来打破的，

否则人生没有进步；

烦恼是用来觉悟的，

否则人生没有快乐！

一切我们遇见的人都是用来接纳和感恩的；

否则，人无法走出自我的幻影！

于静默处得见大世界

女人的世界意味着包容和广大，

它要求的是坚韧与慈悲的定力

而不是强势或示弱的表象！

I

·

内外兼修为上人

处世／修身

最荒诞不经的事,

是世界上很少有真正的沟通,

每个人都是自言自语而已。

即使问你的人,

其实他们也并不想听你说什么,

他们只是问自己而已。

无论如何,语言的阀门打开,

往哪里流都不重要,

关键是谁能关上它。

如此这般,

沉默无言的智慧是最高级的……

于静默处得见大世界

067　没有什么比共同完成一件事更值得回忆，

没有什么比一起度过的时光更丰满充实，

也没有什么比温暖的拥抱更令人安心。

生命是心相连、行相随、事相帮的爱之交响曲。

I
·

内外兼修为上人

处世／修身

068 专注于当下的人没有烦恼，

热爱工作的人永远年轻。

僵化与封闭才是衰老的原因。

对于好奇的人来说，

岁月只是让人成熟起来的条件。

自然如此壮美，

世界如此有趣，

经历要足够丰富，

才能有"走遍天下见多不怪"的从容。

于静默处得见大世界

寂静里，心中有风光无限；

感动时，语言就失去了意义。

从更广阔的层面看见无数人的行迹

构成的时空落点，

人会舒服地做好自己的事，

享受亲近的生活，

在一切关系中体会免于投射的亲情

——没有远近也没有亲疏。

每个人都有自己的故事，

从灵魂层面上都各自精彩。

Ⅰ
•

内外兼修为上人

处世／修身

070 我着迷于生活本身的滋味：

每一个日子的色彩与弦歌，

每一个独处的空白与烟雨，

每一段忽远忽近自在来去的关系，

每一个情绪生灭中或大或小的火星，

每一个发生带来的喜悦或伤感的泪滴，

每一位学员真诚的感谢带来的满足，

每一份礼物传递爱的消息，

每一天外孙女星原逐渐长大的明媚笑脸，

每一天诵经时猫咪的陪伴，

每一次家人的视频互动，

每一次登上讲台的无私宽阔……

金光闪烁的日子每一分钟都真实可触！

深深地进入自己的人生，

如浪子走遍天涯，

如旅人经过所有道路，

唯独没有想过在哪所房子终老。

人在旅途，风景无限。

于静默处得见大世界

怀疑的人错过了未来，

自私的人错过了世界；

相信的人遇见了奇迹，

行动的人超越了自己。

人生只要走在超越自我的路上就不会遗憾，

事业只要有真与美为伴，

就会健康发展。

不求大而求真的人安心，

不求快而成美的事兴旺。

I
·

内外兼修为上人

处世／修身

072　被欲望控制的生意就如失去目的的人生，

热闹而空虚；

被目标绑架的生活就如失控的列车，

没有停靠站，

因此失去了观赏沿途风景的机会。

由热闹开始，结局必然空虚；

由热爱出发，结果必然充实。

于静默处得见大世界

073　艺术家是活在自我与存在交流过程里的孩子，

所以他们被社会视为"天才"或"怪人"。

被大众认可的是前者，

被大众抛弃的是后者。

能点缀生活的是摆设，

能点燃生命的是艺术。

"摆设"依附并满足大众审美，

一直在"像不像""是什么"里徘徊；

艺术品则彻底颠覆惯有思维习惯和审美爱好，

为我们提供另外认识存在与生命的可能。

从这个角度看，

卓越的艺术家都拥有领袖气质或创新风范！

I
·

内外兼修为上人

处世／修身

074 优柔寡断是缺乏判断力的症状，

快速决策是勇敢者的冒险。

只有糅合了直觉和坚持的决策才是领导者的特征。

于静默处得见大世界

075　管理者的个人修为决定他影响力的大小：

做人要有度量，沟通要有判断，

用人要有原则，交人要知进退。

Ⅰ

·

内外兼修为上人

处世／修身

076 在人类建筑的美中发现创造的痕迹。

生命会在宇宙留下痕迹吗？

不会！

生命会因此悲观吗？

不会。

觉悟的生命会回到宇宙，

成为它而不是隔绝于它。

当我化身为无和成为光的那个片刻，

就彻底摈弃了对于肉体的"我"的执着。

生命已经开花，在每一个片刻，

我更多的热泪盈眶，

为每个清澈的眼神和淳朴的人而深深感动。

于静默处得见大世界

只有到了高处，

才能俯视自己走过的山路，

除了眼前雄伟的风光，

没人再去关心道旁的衰草，

眼界使然；

只有经历了人生的酸甜苦辣，

才会永远对人保持信心，

除了接纳每个不同的人，

其余都无法证明我们的爱。

存在的美在于丰富后的简单，

人的美在于接纳后的欢喜。

I
·

内外兼修为上人

处世／修身

执着的程度决定痛苦的深度，

求取的多少决定不满的程度；

没有痛苦的生命就没有自我的边界，

没有求取的欲望生活就会失去丰富的滋味。

生命作为一种活着的艺术其关键在于

通过失衡找到平衡。

于静默处得见大世界

孩子总想成为大人，

因为长大对于他来说意味着自由；

成人总想回到童年，

因为他发现自由的代价是沉重的责任。

如果没有觉察力来享受和品味

过程的每一分钟，

我们就会在轮回里错过一生。

Ⅰ
·
内外兼修为上人
处世／修身

080　能让生命产生质感的不是一成不变，

　　　　而是它的变幻莫测。

　　　　比起充满金钱参照的"爱情"痛苦，

　　　　人生显然属于另一种易碎之物，

　　　　需要你更认真地打理。

于静默处得见大世界

只有在辽阔的草原，

人才会真切地认识到宇宙的无限；

夜晚的篝火已经熄灭，

无垠的夜空向我们展示万千星星的璀璨光华；

做一个地球的孩子好好玩耍吧，

别把自己看得那么重要。

所有压力都源于欲求而非外界！

I
•

内外兼修为上人

处世／修身

082 试试看，能否去掉头脑中
所有的形容词和名词，
只留下动词。
生活会变得单纯，
生命会流动而不会停滞，
每一刻都宛如新生。

于静默处得见大世界

警惕打着奋斗幌子的忙乱，

它们透支身体，迷乱人心；

警惕心无所属的散乱放逸，

它们麻醉人生，渍染无聊。

松紧适当不是指外在而是指内心，

唯有保持专注才能避免耗散。

忘记时间才是用心，

其余都是头脑的考量。

I
·

内外兼修为上人

处世／修身

从实践中获得的经验，丰富人生；

从概念里引发的认识，浪费生命。

创造性的活力永远与突破自我的局限相联系，

而与惯性南辕北辙。

生命的可贵在于你可以选择内心想要的生活，

而不是任人安排。

于静默处得见大世界

　生命的每一天都是全新的开始。

外表愈坚强，内在愈脆弱，

唯有匮乏被满足，给予才能发生；

否则，任何付出都是用牺牲做出的爱的呼唤。

I
·
内外兼修为上人
处世／修身

086 美是不动声色的存在，

唯有静默中才能遇见；

喜悦也是，甚至痛苦也是。

凡是最深刻的感觉

都没有声音和语言露面的机会。

于静默处得见大世界

生活不需要用节日的名目庆祝，

假如每一天你都在投入地生活；

也不需要用花钱多少表达感情的深度，

假如在一起的每一刻你都付出了真挚心；

甚至也不需要额外的礼物来奖励自己，

因为你已经令自己的生命成为完全不一样的庆典，

为世界带来阳光与幸运。

祝福真实的生活，丰富的生命。

每一天都是节日！

I
·

内外兼修为上人

处世／修身

088　活在恐惧里的人总是寻找黑暗，

活在欢乐中的人总是拥抱阳光。

安静才有发现自心的机会，

自信才有帮助别人的可能。

允许才有爱发生；

控制不是爱，

它只不过是变相的害怕而已。

于静默处得见大世界

089　黑暗为了体现光的明亮而存在，

痛苦是为了教人生起离苦的心愿而配置，

自由是为了令自律的人享受它的另一种说法。

贫穷与富裕都会令人在极致处超越表面，

获得内心的丰裕圆满。

生命是一段奇迹之旅，

我们帮助与服务的人越多，

我们心智的发展动力越强劲。

I
·
内外兼修为上人
处世／修身

处 世
—
修心

090 头脑经常用无数崇高的想法欺骗你，

在那些想象的喂养下，

心灵真正的觉知正在麻木中。

Ⅰ

•

内外兼修为上人

处世／修心

091　觉察跟情绪有关，

原本心的状态是空灵澄澈的，

唯有情绪的乌云能遮住心灵的天空。

修行从觉察开始，

静心是为了看透情绪的把戏从而摆脱受制的状态。

一个内在自由的人才是充满喜乐的。

于静默处得见大世界

唯有能安静下来的心才能与自己在一起。

如果一个人从未面对过自己，

他就有可能失去生命中最有价值的部分。

因为活在欲望的万花筒，

可以喂养饥渴的头脑，

弄出一番热闹的假象；

而在实际的存在中，

人的自由因此被剥夺。

被金钱与物质绑架的后面，

都是恐惧而柔弱的心灵。

安静是令心灵强大的途径，

多和自己的心在一起吧，

那才是最美的花园之门。

I

内外兼修为上人

处世／修心

093 没有烦恼的人不是没有事情发生，

而是任何事情都不足以占据他的头脑；

没有痛苦的人不是没有感情，

而是对于感情透彻的了解

已经令他活在了每一个当下，

明了生命的真相不是死水枯木一般呆傻木然，

而是活生生地流动在丰富多彩的人生里。

荡涤一切污垢，显露心智大河的平静浩大，

能够驾驭自己头脑的心智才可以成为身体的主人。

于静默处得见大世界

106

失去对于生命最终意义的追问，

我们的一生将被

无数微不足道的细枝末节掩盖；

一旦开始追问自己是谁，

属于我们每个人的独特生命

才将通过所有经历的细节显现。

做什么并不重要，

最后的结果取决于为什么做。

卸除头脑活灵活现的戏仿，

心才是一切的始作俑者。

I

·

内外兼修为上人

处世／修心

095　一个挑剔的头脑总是在

证明自己的过程里失去自我；

一个行动的人终会在过程里发现自己；

成功不是符合某种外在的界定，

而是满足内心的渴求。

一个没有欲望的人无法发现自己的能量，

就像为了静坐而"修行"，

为了学佛而磕头一样，

都是头脑造作的产物。

任何一种爱好，如果能达到废寝忘食的地步，

都已经表露能量的等级。

决定能量正负的不是欲望，

而是欲望后面觉察的心！

于静默处得见大世界

我们的一生修为都是为了走向自己的反面，

那似乎就是圆满的真意；

我们反对的通常都是我们不能做到的。

它是一个悖论。

通过各执一端的固执走向

阴阳平衡的和谐就是人生。

看不透就纠结，看透了就开心。

越是关注外面现象的人，

越容易落得在疲于奔命里生活，

离心就越远；

把注意力放在内心的精细觉知的人，

反而会因为触类旁通，

轻松做事，无所不达。

修心才是省事的第一捷径。

I

·

内外兼修为上人

处世／修心

　安静的心能看透万物，

浮躁的心令你远离真相。

太多有权和有钱的人也活在

焦虑带来的虚伪与分裂中，

令生命失去了安详从容的享受。

可见，活得好的条件不是有钱和权，

而是有一颗敏感安宁的心。

修心养性是最不需要借助金钱等外物的，

觉察的人可在每一刻修习正定。

于静默处得见大世界

098　当你离心太远时，

世界是个欲望的万花筒，

令人眼花缭乱。

太多人惧怕安静，

于是不停地

制造热闹的幻影和表面的繁华，

而真正的辉煌属于超越头脑想象的宏伟存在。

没有心的洞明永无机会发现生命的真相！

Ⅰ
·

内外兼修为上人

处世／修心

099 世界上只有两种人：

有心人与无心人。

有心的人每一分钟都活得真实踏实，

没空无病呻吟；

无心的人每一天都度日如年，

饱受自己念头与担忧的折磨。

这两种人跟有钱与否毫无关系。

有心有爱，

所以能在每时享受生生不已的生命；

没心无感，

所以在恐惧匮乏的折磨中失掉生之乐趣！

做有心人比做无心人幸福太多！

修心为上！

于静默处得见大世界

100　学习知识不是目的，

通过知识了解人生的奥秘才是。

与其让自己在各种考试与评比中消耗脑力，

不如在自然关系中感受存在的宏大；

与其在人际纷争中消耗能量，

不如通过踏实地做好本职工作修炼心的宁静。

无论做什么，

心无旁骛才是成就的基础。

I
·
内外兼修为上人
处世／修心

101　所有真理都已经被说出，

世界对于醒来的人一直是神迹昭彰之处，

没有什么秘密可言。

唯有不信令人自设狱所，

而盲目与无知如影随形，

纵使记住无数概念，

依然不能获得身心自由之大自在。

心灵是通往自由的唯一道路，

非身心灵合一不能为。

于静默处得见大世界

102　人的平等是指都有自我选择的权利。

无奈的人是被无形的观念控制

失去了自由做主的机会，

自由的人是放下一切包袱从心出发的人。

解放被经验和概念控制的头脑

比一切努力都更重要，

学习关于生命本身的一切，

才是通往真理的道路。

I
.

内外兼修为上人

处世／修心

103 生活给人的教导赤裸裸地坚硬温柔并存，

几乎每个人都在用唯一来赌不确定性。

没有什么可以重来，

每一个呼吸都是永远。

喜怒哀乐就是生命本身，

何必加上意义的涂料呢?

生活最重要的议题是如何对待自己。

那也是我们唯一的确定性。

回归心! 能够将心比心，

也能够我心飞翔。

这虚空一般广阔的心遍览一切而不留痕迹。

于静默处得见大世界

104　时间如沙漏，逝去永难追，

与其在叹息中计划，不如在觉知中体会。

身与神汇则合一，口与心同则不二。

不慕名利安闲自在，不怨天尤人轻松无碍。

有热爱做事欢喜，有恒心能达万有。

I
·

内外兼修为上人

处世 / 修心

105 美好来自心灵的感受而非头脑的推理，

能够倾听内心声音的人

不会错过幸运的眷顾。

用心的人

才会体会无用之妙。

于静默处得见大世界

106　大凡做事心先到，力后至，

容易少走弯路，不费力气；

力已到，意后发则强发而硬取，不易成功。

身心合一最为关键。

I

·

内外兼修为上人

处世／修心

107　打开的心灵到哪儿都有朋友，

哪里的风景都是圣境。

现在的人希望交朋友拉关系，

但多热衷于搞各种名目的峰会，

试图以规模和名头各自证明身份。

实际上曲终人散时，孤独的身心照旧。

各阶层的人依旧在各自的层面上流动。

其实，很多人在内心深处，

最需要的是小范围近距离的深度交流，

而非大而无当的热闹作秀。

于静默处得见大世界

时光中的每一刻相遇，

都是特定空间里的奇迹。

人只会被自己忽略不会被命运抛弃；

只不过麻木的人遇而无感，

无心的人口是心非，

颓废的人视而不见，

有心的人乐而不语。

命运不同，多姿多彩而已。

比起任何事业，

能否活出自己才是值得认真思考的头等大事。

I
·
内外兼修为上人
处世／修心

109 小的才是美的，个体就是全部。

在一个信息沸腾的时代保持清静的内心

是一种更为困难的修行，需要有意识地努力。

因为人脑如电脑，每天处理的信息越多，

它死机的可能越大。

人脑死机就是失去直觉

被各种自以为是的自欺控制。

凡是认为"自己无比重要，

小到朋友，中到家庭、企业、行业，

大到国家，离开自己就不行了"

都是幼稚的幻想。

人唯一的使命是负责活出自己。

我们能做的是把"才华"变现成产品，

服务好对面的人，做好正在做的事。

每个人都如此，世界才能真的好起来。

一切日用作为用心才是至理，

否则容易走偏甚至走火入魔。

于静默处得见大世界

110　在遇见自己的心之前，

头脑会牢牢地用各种欲望的幻想控制你。

对于无心的人，世界没有实相，只有内在的恐惧；

对于有心的人，世界不是头脑

而是风声雨声车声背景下的人生，

社会不是政治而是正在正当正直存在的人们，

事业不是奋斗而是随心随性随缘的全心创造。

在欲望泛滥、空虚涨满的娱乐时代，

保持清静的心，拒绝被信息化和格式化，

是一个人对于自己最重要的义务。

I

·

内外兼修为上人

处世／修心

111　沟通应该注意避免把对方当垃圾桶。

太多人自己一味在说，

说得气宇轩昂、头头是道，

说得对方哑口无言。

貌似对话，实则独白。

那个对方的作用不过是个道具：

承载你头脑中所有的妄念与由之引发的焦虑。

你信吗？

沉默是心能走近的唯一标志！

于静默处得见大世界

才华这个东西如果没有用意志力和坚持

做底色就会流于轻浮；

机会是留给有准备的人，

这个准备一定不是头脑而是技艺；

不论你在何处，做何种工作，

用心，即便扫地也能带来所有你期待的机会；

不用心，即使在最好的岗位也会一事无成。

被欲望迷惑的人离心太远，

被无聊占有的人被本身抛弃。

用心乃人生成就一切的根基。

I
·
内外兼修为上人
处世／修心

113　凡是不喜欢不自愿的

坚持与努力都是自我生命的消耗，

不可长久。

人生最关键的是做自己所想，

行自己所长，乐在其中才可能天长地久。

用心才能省力，一心才能至柔，

至柔才能不伤。

于静默处得见大世界

当我们完全按照我们自己的喜好

寻找一个爱人，很可能在寻找另一个自己。

处久了，必定失去新鲜感心生厌烦；

当我们不爱一个人却只想用牺牲证明自己时，

警惕我们童年的阴影依然笼罩成年的生活。

保持警醒和觉察的最好方式是常问自心，

不看外人的脸色和舆论。

唯有在冲突中能够看见另一方

不同于我们自己要求的美时，

我们才可以获得欣赏生命另一半的机会。

是为圆满的开始。

I
·

内外兼修为上人

处世／修心

115　用心谛听，

哪怕无边的寂静都传达了足够丰富的存在，

用心感受这流逝的每一秒，

感恩我们遇见的每一个人；

如意的令人欢喜，不如意的令人反思。

唯有当我们意识到不如意就是以"我"的尺子

丈量一切的"我执"在作怪，

世界的美好才如如可见，

人才有机会从"自我"的牢狱脱离。

于静默处得见大世界

相信自己必然能够有所成就的人，

不会在怀疑中蹉跎而是在行动中付出自己！

人付出的越多收获的越多，

人不考虑自己，上天就会承担佑庇你的责任。

乐观的人因为信而坦然，

如花朵开放，有勃勃生机；

悲观的人因不信而消沉绝望，

画地为牢，如死水微澜。

I
·

内外兼修为上人

处世／修心

117 寻求答案时，

只需向自己的内心发问，

内心才是能量的源头，

信心是一切事业的基础。

向外寻找的永远是拐杖而非真理。

于静默处得见大世界

118　生活的真谛在于用心，

　　　用心则真，

　　　哪怕痛苦都与投入的程度有关。

　　　一个从未投入到忘我的人

　　　不会拥有痛苦的深度，

　　　只会陷于廉价的烦恼。

Ⅰ
●
内外兼修为上人
处世／修心

119　到中年，

我们必须给自己时间和空闲

去旁观一下自己的生活，

照看一下自己的身心。

于静默处得见大世界

120 　头脑停止的地方，心灵有了空间；

　　　自省开始的时候，抱怨没了影踪；

　　　敬畏出现的时候，力量开始生长；

　　　身心愉快的时候，世界就是天堂。

I
·

内外兼修为上人

处世／修心

1 2 1　哪里有那么多是非恩怨，

人生不过是一场自我的折腾之旅。

一切挫折都是唤醒心灵的必要呼唤。

你遇到的问题越严重，

表示你睡得越沉而已。

不要用乱动表示充实，那恰恰代表慌不择路；

真正充实的人内心是如如不动的，

行动有条不紊。

日出日落，来来去去，

守一最难，安心不易。

于静默处得见大世界

122　无常是真发生，变化即实在象。

旧有的一切逐渐分崩离析，

新的秩序正在逐步建构。

墨守成规的人身不由己，

独立自主的人兴致勃勃。

世上永恒不坏的是知幻如真的道心，

不忧不惧的是活出平常意的真人。

I

内外兼修为上人

处世／修心

123　定位高则品牌传播远，

模式简则发展复制易，

对象明则销售业绩好，

项目清则客户选择快。

大道明，万事一通百通，

万法归入心法。

于静默处得见大世界

124 目标首先是能量口径，

其次才是管理动作；

信是创造一切奇迹的前提，

爱是一切技能中最尖端的能力。

I

·

内外兼修为上人

处世／修心

125 只有一颗安详的心才能接纳不同的人，

只有无条件的爱才能激发所有人向你靠近。

而在团队中没有远大目标的激励，

一切激情都将被温情融化；

没有挑战性的目标压力，

一切潜能都将失去显露的机会。

善于用目标引领队伍、用无私给所有人机会，

是杰出团队得以运作的领导特质。

它与表面的客气礼貌与暴怒脾气等

张扬的表演是两回事。

前者有心，后者卖力，

效果大相径庭。

于静默处得见大世界

心是源头，也是媒介，

人们因为同频而共聚共享。

知识因为互联网而揭去了神秘的面纱，

又因为无限供应而失去了占有的必要性。

炫耀知识已经变成幼稚的游戏。

从共享知识上人们已经平等了，

唯一的差异将是运用吸收知识的能力区别。

个人化需求带来定制化的满足已经成为现实。

未来是否能够在一个新世界里活得自在，

完全取决于心能量！

智慧将成为未来最重要的能量资源。

东方"天人合一"的智慧修炼将成为

人们行走新世界的金刚钻。

I

·

内外兼修为上人

处世／修心

127　用任何外在的名牌和头衔装扮自己

　　都不如用心念为自己加持，

　　生命的意义在于内心的世界

　　究竟是活跃还是死寂，

　　是广大还是狭隘。

　　死寂也许以执着和奋斗出现，

　　狭隘也许以我大我慢不容异己而体现；

　　前者因为执着的坚硬伤害自己的身体，

　　后者因为内在的无明遮蔽自己心灵的天空。

　　修行"以心为体，以身为用"才好。

　　如此，生活以觉察为要，做什么都自由；

　　生命以分享为乐，在哪里都自在。

于静默处得见大世界

128　生只有两种状态，活泼或死寂。

活泼的能量赋予人生气勃勃的成长动力，

死寂是从未有机会开启自己的心智，

无法启动能量的阀门。

这与年龄无关，

与经历向经验的转化程度有关。

用脑则耗能，有心则产能；

心能越大，世界越宽。

做有心人，即成大抱负。

Ⅰ

·

内外兼修为上人

处世／修心

129　只要你在评判中，

就不存在行动与接纳，

一个比较中的头脑只会消耗能量，

而一颗相信和接纳的心是安静的，

是远离评判的广阔存在，是能量本身。

一切发生在这里都是祝福；

而且，一切都会自动发生，

完全不需要努力。

能量本身会流动、会满溢，

会无所不在。

与心在一起就是回到生命的源头。

于静默处得见大世界

130　用头脑的有限是不能解释存在的无限性的，

非得拥有了无限的视野，

有限的生命才能作为无限宇宙的一部分

而获得安宁；

否则，都是徒劳无益的挣扎或貌似有益的努力。

舍弃一切头脑的比较与分别，

狂心自歇，才可窥见道。

I
·

内外兼修为上人

处世／修心

131 没有杂念的头脑是无限的容器，

可以盛装整个世界；

充满忧虑的心则如关上了门窗的房子，

见不到阳光。

静谧的早晨，体会生的活跃之美。

早安！

于静默处得见大世界

1 3 2 脆弱的时候，

我们会用一切外在的物质、名声、情感、金钱

来证明自己的重要。

外界越热闹，内里越不安；

人们赖以填满不安的东西五花八门，

并给予这些外在的东西以无比崇高的价值，

却因此忽略了自己最有价值的部分：

一颗感恩的虚空般纯净的心！

I

·

内外兼修为上人

处世／修心

133　生命的独一无二在于觉知：

通过行动，我们探索认识的边界；

通过实践，我们获得对于世界的体悟；

通过专心，我们到达全然之境。

无论我们厌烦谁，那是我们内在被隐藏的自己！

无论我们膜拜谁，那就是我们可以成为的样子。

于静默处得见大世界

134 原来我们越敞开，能量的口径就越大！

敞开是通过无保留地

分享生命真正的见识达成的！

排除自大的骄慢，

只要能够说真话，

人就随时有机会获得知音！

就如一个天真的女人很容易嫁一个如意郎君，

她有"用信任成就一个男人"的魔力。

人与人之间发生奇妙作用的不是努力而是心力！

I

·

内外兼修为上人

处世／修心

135   除了形式的差异，所有节日都兼具提醒功能：

从惯性生活向精神乐园凝视。

元宵节的团圆寓意

与情人节的玫瑰之爱

都象征着人类最深的连接：

我们满怀着爱

在地球这个锦绣花园里共同生活。

感恩美好的生命，

感恩此刻无数人正在心里触发并庆祝的美与爱。

于静默处得见大世界

爱与恨都是一种投射，没有什么分别；

能够表达自己真实感受的人都是健康的人，

里外不由衷把自己塑造成好人的人都容易受内伤。

所谓慈悲，

不是比别人高明的居高临下，

只是看情绪生灭的如如不动而已。

I
·

内外兼修为上人

处世／修心

处 世

——

修行

137 不要从众，

成功者都是立志成为自己的那些人。

"是故君子之学，在重其人所轻，

易其人所损，取其人所弃，

得其人所无，故道大德弘，

身裕名贵，超然而无对者也。"《憨山绪言》

享受寂寞是君子的专利。

I

·

内外兼修为上人

处世／修行

138 逆境时容易有作为，顺境时容易有危机。

是因为遇逆境就寻找对策，

行动有实效方能脱逆；

顺时无知，如温水青蛙，

待出事毫无准备必有大患。

有智慧的人，

"遇逆如甘露，畏顺如鸩毒"《憨山大师梦游集》，

极其谨慎。

以其慎，故守不失。

治国理家做事做人皆此理。

于静默处得见大世界

139　人生一定要出错，

皆因只有错误才是突破局限的机会。

否则，人就有"永远活在别人的判断

和自我的习惯中"的危险。

I
.
内外兼修为上人
处世／修行

140 只有选择和行动才能证明需要。

大部分人缺乏人生热情的原因

在于需要的程度不足。

内心对于明彻生活的渴望

会令人活在每一个经历中，

并为其丰富多彩而惊叹：

那是内在觉察的世界，

而不是情绪控制的领域。

于静默处得见大世界

141 如果人能够通过对所有经验中

情绪的观察产生顿悟，

就能够活在觉悟的接受中，

就能在一切外缘面前保持如如不动之心。

然后，就可以全观体验到

当下每一片刻存在的美。

那是无处不在、无时不在的，

令我们活在真正的感动里。

I
·
内外兼修为上人
处世／修行

142 随着个人财富增加能逐步向内自省，

完善精神世界，

他或他领导的组织就有可能走向真正的强大；

反之，努力获取外部关注和认可，

除了强化"我慢""我执"，

不会令人发展出完善自我的内在智慧。

因为，照见一切事相的"智"

与通了一切事理的"慧"，

恰恰是经由外在经历

与内在心悟共同运作的结果。

身心双运，内外兼修为上人。

于静默处得见大世界

143 贪欲并不仅仅是指对金钱和物的迷恋，

也凡指那些对自我的

才华、名声、智力激赏不已的人。

精神上的自负带来的"我慢"是修道上的大敌。

I

内外兼修为上人

处世／修行

144 失去意味着获得更多可能的机会。

每一种生活经历和变化

都提示我们超越平庸的可能，

因为大部分人在习惯中沉睡，

没有变化很难唤醒。

上天根据你的资质选择适合唤醒你的家伙，

打击越大，你的承受力越不一般。

感恩吧，这就是挫折即礼物的真义。

于静默处得见大世界

1 4 5 我们躲避的也许就是我们生命需要的火焰，

不如此，精神不能结晶，

成长无法获得燃料；

我们讨厌的也许就是我们自己的镜子，

因为我们看不到自己，

上天借此来提示我们。

I
·
内外兼修为上人
处世／修行

146 此生有信心做一个畅快的人吗?

静到极处，必然发现深幽的活力遍及寰宇;

动到极致，必深入到一个完全无我的深渊。

孤独的人用热闹排遣，

虚弱的人用名头支撑，

自大的人用发威证明，

人生就是一个穿越的过程:

由外向内得到发现实相的机会，

由内向外获得发现真相的觉悟。

最怕外不及远，事不达人，

内不深入，理不入心。

全在自己的情绪上纠结，

一生随波逐流，毫无所得。

随心所欲做一个不矫饰不虚伪的人，

生活就是修行了。

于静默处得见大世界

147 命运的打击往往从你自己

最看重、最难割舍、最宝贵的地方入手，

不如此，不能够唤起这个顽固的

自以为是的"自我"；

因为这个"自我"一直在通过一切行止

强化自己无所不能的神话。

那些从宝座上跌下来的忘形者

或被死神追逐的人，

都更容易获得这种命运的开示。

I

·

内外兼修为上人

处世／修行

148 通常，在想象中过高估计自己能力的人

都以志满意得的踌躇满志为特征，

而有实际行动能力的人则以含蓄蕴藉为特点。

前者以否定非议他人为习惯，

后者以接纳包容为准则；

前者以依赖控制为本质，

后者以自由自在为目的。

不论你走在人生的哪个阶段，

重要的是你是否能够识别

人性的种种脆弱而活出完整的自性。

于静默处得见大世界

在你没有能力爱上自己之前，

所有的努力和奋斗不过是盲目的消耗而已；

只有当你学会爱上不完美的自己，

世界才开始打开它的大门。

经由发现不完美是完美的前提，

我们学会接受一切人和万物的美，

我们才开始具有了体谅与包容。

不满会远去，原则会照样存在，

那已经转为对别人的帮助而非对自己的折磨。

I

·

内外兼修为上人

处世／修行

150　学问学问，学问是问出来的。

简单地寒暄不是问题，

问题是逻辑的冰山一角，

下面是需要逻辑结构

支持的思考深度与见识高度。

会问的人有料也有术，

所谓"知音"，不过是能答未问之意，

所谓陌路，不过是答非所问而已。

做一个自省之人，学习向内心发问，

离心就近了。

身心合一就有戏了。

否则都是演戏娱乐别人。

于静默处得见大世界

151 成熟，是阅尽人生百态

依然保持动心的敏感却已不会被情绪左右，

是通过人际关系的千般考验

才能修得万事现前眉睫不动的从容，

是要经历内在的痛苦蜕变

才可获得不依赖任何外界的独立圆满。

I

·

内外兼修为上人

处世／修行

152 对于真正修行的人，

现实人生已经提供了一切觉悟的要素：

不断变化的环境，

通过观照保持静定才能做出明智的决策；

在变故与灾难面前保持本色，

修习无常的觉悟；

在每一个关系带来的情绪面前，

练习超越的智慧；

在疾病的痛苦不适面前，

放下对健康的执着。

一切示现都是回应，

保持觉察的如如不动之光

就能欣然活出当下的存在。

于静默处得见大世界

153 钻营关系不如深化自己，

努力攀缘不如真心休息。

有心了，才可能安静做自己擅长之事，

做事忘我的结果是精通做事之道。

精通方能对他人有用！

专一才能利益自己。

任何人都是通过有用获得自由的。

比所谓成功更真实的是成为对特定对象有用的人。

I
·

内外兼修为上人

处世／修行

154 内在的宁静是一种品质，

能够让生命的每一天都从容而新鲜。

忙乱的人是心不定，所以跟着外界变。

没有什么比建立自己的内在节奏更重要的事业，

也没有什么比享受每一个片刻更丰富的生活。

于静默处得见大世界

155　能够让人信服是最大的资源，

能够让自己快乐是最高的能力。

不以自己的利益为中心的人

都成了别人的重心，

以对象需求为焦点的人都成就了自己。

I

·

内外兼修为上人

处世／修行

156 没有从自己的结果中学到教训的人，

走多少路都是在原地踏步；

没有从自己的行动过程中总结出规律的人，

做多少事都是重复。

于静默处得见大世界

157　只有深爱过才会知道对象不重要，

只有成功过才知道失败多么必要，

只有热闹过才知道孤独属于自己。

缺乏对比的人生太平淡，

没有投入的故事不精彩，

不能忘我的关系不是爱。

明了对立即是统一的道理，

就有放下执着于对错的可能。

I

·

内外兼修为上人

处世／修行

158　人生无小事，关系即道场，生活即修行。

小事见心胸，大事看格局；

挫折露涵养，失败现德行。

于静默处得见大世界

159 不要寻找符合自己要求的

完美世界与完美关系，

人生因为不完美而存在。

接受不完美就能享受它，

拒绝不完美只能自我折磨。

生命中那些不可轻易放弃的关系

才是修行的前提，

能轻易割舍的关系都是缘分的阶梯

而非觉悟的基础。

忍不能忍才非一般，

行不能行终成大业。

I

·

内外兼修为上人

处世／修行

160　人生没有捷径。

如果缺乏对于自己局限性的认知，

结构性的全局判断就不可能产生。

凡是用自己的经验寻找的"干货"

都是试图快速解决问题。

这种"急功近利"

妄想能一劳永逸地解决问题，

却为自己制造更多的陷阱。

面对问题的超脱是眼光，

面对问题开始解决是行为，

面对一个又一个问题是人生的真相。

淡定才能从容。

于静默处得见大世界

没有同道，生活缺乏乐趣；

没有异己，做事无法看到差距。

找到学习对象不如来一个竞争对手。

从贡献和力度上来讲，

对手才是人生最大的恩主。

自己才是成功最大的障碍。

I
·

内外兼修为上人

处世／修行

162 人以自己的标准看世界时，

世界是不存在的；

只有通过关系打开自己的局限时，

生活才波澜壮阔。

重要的不是让社会符合我们的希望，

而是让我们的作为符合我们对于美好的想象。

于静默处得见大世界

163 俗人是无时无刻不在慷慨陈词

以证明自己重要的人；

高手是只有遇见那个懂得的人，才会开口。

而懂得并不需要说明，

完全是一种心领神会之举。

古人深谙此理："人生得一知己足矣。"

I
·
内外兼修为上人

处世／修行

非得经过难忍的分离才能体会相聚的甜蜜，

非得经过粗暴的伤害才能领会细腻的柔情，

非得经历了匮乏的饥渴才会有占有的满足。

人类总是对已拥有的视而不见，

习惯从缺少处开始欲望之旅。

于静默处得见大世界

人生的列车需要停靠站，

就如远航的游轮需要码头一样。

既要有鸣笛出发的豪情，

也要有停站靠岸的加油休息。

要有用尽全力的专注，

但不要有不能自制的贪婪；

要有坚韧不拔的毅力，

但不要有执迷不悟的固执。

能够从执着中悟道是为"不迷"，

能够从投入中收获足以"有得"。

旅途中，要有观看风景的心

才能在经历挫折时淡然；

休息时，要有放下的闲散

才能够回味万千风物的不凡。

Ⅰ

·

内外兼修为上人

处世／修行

166　凡是带有前提和要求的行为，

都是试图通过对于自己的忽略

而换回他人的关注；

结果，总是适得其反。

先爱己，才有爱心体谅他人；

先有余，才能随时利益他人。

于静默处得见大世界

167 通过挫折了解生活的深度，

通过痛苦看到生命的局限，

通过原谅了解人生的真相，

通过清空自己活出全然的爱。

I

·

内外兼修为上人

处世／修行

1 6 8　在关系里，每一个时刻都有机会

通过别人的行为看到自己的情绪反应。

赞赏与回应会生欢喜，

沉默与拒绝会令人不适。

这都是自我分别心露面的时刻，

也是修行的觉悟机会。

于静默处得见大世界

169 年轻意味着冒险的机会而不是安逸的享受，

如果你不能自我激励，

就祈祷带给自己压力的一切吧，

唯有足够的压力才可以爆发内在的潜能。

一个自己不能为行动热血沸腾的人

是无法点燃自己影响别人的。

I

·

内外兼修为上人

处世／修行

170　眼中只有自己时，

看不到外面的丰富多彩，

只求满足自己要求的一律性，

结果大不如意；

眼里只有偶像时，

靠情绪喂养精神会最终失去自己！

批判的人生如果从自己开始将是一条康庄大道，

评判的尺子只对准别人将是失败的开始。

于静默处得见大世界

171   当你明白这个世界是一体的，

你就会忘记所有分别，

息掉所有抱怨，

接受一切人和一切事，

甚至对曾经刻苦努力的自己展颜一笑：

原来，生活的所有安排

不过是让我们活得自在的必然设计而已。

I
·
内外兼修为上人
处世／修行

172 所有要强后面，都是证明自己的努力；

所有需要证明的后面，

都是需要确认的自我。

千万人的追随也终究不过一场

面目模糊的前朝旧事，

"白玉为堂金作马"的富贵不过是

"昔日王谢堂前燕，

飞入寻常百姓家"的历史浮云。

当下的自己是唯一的真实，

当下的工作是唯一的事业，

当下的痛苦不会转移给别人。

只有自己才是世界的入口。

唯有时时心无旁骛，才不后悔虚度此生。

于静默处得见大世界

173 　合伙做事之前，问清目的最重要，

　　　　免得价值观不统一半路分手；

　　　　做人忘掉目的讲清原则最重要，

　　　　免得利益纷争功亏一篑。

　　　　价值观、方法论，行动力顺序不可废。

　　　　否则，行动越快麻烦越多。

I
·

内外兼修为上人

处世／修行

174 通过放弃对他人的要求令自我完善，

通过放弃对外界的抱怨令内心安详，

通过拒绝令自己懂得承担的分量，

通过对随波逐流的反对保持自己的独立判断。

人生是跟自己较劲的过程，

坚强才可以包裹柔弱，

渴望才能制造相思，

拿得起才能放得下，

"有为"后才晓"无为"的滋味。

这一切奇妙的安排，

是以觉悟的意识为核心，

而非以头脑的想象为噱头。

于静默处得见大世界

175 质朴的人生就是活在当下。

没有联想带来的比较，

没有幻想引发的贪欲，

也没有崇高诱发的"我慢"，

更没有进步激发的"我执"。

如果一个头脑混乱的人

能够通过做好一件事进入忘我之境，

他就有了摆脱烦恼的机会。

I

·

内外兼修为上人

处世／修行

176 人生最难的是中庸。

非到过极处不足以知中，

非极处知止不足以享有。

警惕"无为"遮挡的难以作为，

它与"有为"后难以止步的害处一样难分伯仲！

但得经历不后悔，直捷用力胜处多。

于静默处得见大世界

错过身边的人去结交陌生人

只会增加沟通成本，

很难获得根本信任；

放下手边的工作去探讨五年后的宏伟目标，

不过是浪费时间的自我麻醉。

从手边事开始工作精进，

从身边人开始用爱传播，

世界不在远方只在脚下！

I
·

内外兼修为上人

处世／修行

178 每个人都需要面对自己！

任何对外界的抱怨都是自己无能为力的证明。

不满意自己的婚姻、不喜欢自己工作的人，

不需要抱怨，

只需要正视自己的无能为力即可。

于静默处得见大世界

179 繁忙的人才能体会悠闲的滋味，

紧张的节奏才期待放松的感觉。

心里有人，爱的语言才有感染力；

眼里有事，交流目的才不会被情绪左右。

工作有目标干起来才有劲，

头脑不纠结活着才自由。

I

·

内外兼修为上人

处世／修行

180 在任何时候，保持开放的心态

和积极的行动力才会令人生充满乐趣！

开放能够看到更多可能

或从那最糟糕的境遇中发现益处，

行动则令人生丰满不会在想法中耗掉大好时光。

于静默处得见大世界

181 不要歧视任何人，

因为每个人的独特价值都无法复制，

除非一个人自轻自贱。

不要歧视任何行业，

大有大的系统规范，小有小的灵活多变，

论盈利能力和现金流，还不知哪块云彩有雨。

服务业的未来是赢得人心和培养习惯，

凡事做好、做精，方能做久。

I
·
内外兼修为上人
处世／修行

182 生活的真相很单纯：

不浪费时间在任何自己不了解的人或事上面，

只专心享受自己能够做好的事！

于静默处得见大世界

183　自由是以自律为前提的内在动力之花，

自在是一种以觉知为前提的生命状态，

不论我们想获得什么样的人生，

都必须经由它的对立面才能够获得！

而大部分人因为缺乏走向反面的能力

从而错过了生命最有趣的部分。

I

·

内外兼修为上人

处世／修行

184 只需要找到你热爱的工作，

兢兢业业、心无旁骛做好手里的每一件事，

人就走在奇迹的路上了。

奇迹带着寻常的面孔

错过所有恐惧抱怨的庸俗沉沦，

带着简单的人飞越到另一个频道。

于静默处得见大世界

185 舒服只能强化自我却无法触及改变！

那些令我们不快的人、不舒服的话、看不惯的事

不过一直在提示一个东西：

"我"的经验、判断、价值的尺度的存在而已！

那意味着局限！

人生若能对自己负责就是大福报啊！

不把决定权假手他人的人才能做自己！

真正的老师教你走向你自己，成为你自己！

而要你交出自己让他替你决定和负责一切的人，

都是《浮士德》中的魔鬼！

I
·
内外兼修为上人
处世／修行

186　工作是治疗烦恼的良药！

对象是发现自我的镜子；

数字是体现能量大小的标尺！

喜悦是能够感染他人的存在。

真正快乐的工作，

是通过服务真实的对象带来健康富足！

于静默处得见大世界

187 每一天，人们真正用于专注做事的时间

不会超过十分钟！

大部分人都是在混日子而已。

主动地、忘我投入地使用自己是一种罕见的福报。

这并不是人人都能有的经历，

因为这需要一种内在的意志。

I

·

内外兼修为上人

处世／修行

188 什么是能力呢?

每当有一个任务你直接承担,

没有借口,就会有更多的任务落到你的身上!

久而久之,能力自然就具备了。

什么是借口呢?

每当有任何一个任务来临,

都要找出所有困难,能量就流失了。

人与人的区别,

不过是面临同一件事情

所采取的行动落点不同而已。

于静默处得见大世界

189 所谓"成功"，

就是没有成功欲望的人才能拥有的现状；

所谓"幸福"，

就是安心自如享受生命的状态。

真正成功和幸福的人并不关心外在的评价，

他们自得其乐，

而执着于痛苦与烦恼的人同样如此；

唯一的差别在于前者有觉知足常乐，

后者无明欲壑难填。

I

·

内外兼修为上人

处世／修行

凡"我是为你好"的后面，

都是一种自以为是的干涉；

这种"好"越强烈，越界的可能越大，

伤害人的机会越多。

更多时候，允许别人做他自己是一种境界，

不对他人指手画脚或大包大揽是一种教养。

自由的人能够从他的经历中获得他的完整！

吃苦是其中重要的体验。

于静默处得见大世界

191　散乱是人生的大敌。

认准正业从信心上入手，

无论艰难困苦皆玉汝于成；

凡事内求，格物致知，

最终才能一门深入，终得化境之秘。

自由是有条件的。

持身守戒，克己为乐，

身有戒则心自由。

定力是自由的基础，

能管住自己的人才能享受人生。

Ⅰ
·

内外兼修为上人

处世／修行

192 人生每一种经历其目的都是

让我们获得更多！

悲欢离合、酸甜苦辣

构成生命的丰富性与多样性。

最为殊胜的是很年轻时

就敢于忘我地完全投身于冒险中，

这需要很大的内在力量

让人反抗传统与家长意志。

我很庆幸自己有一对完全尊重孩子选择的父母，

令我的一切反叛水到渠成。

没有对平庸生活的反抗，

哪有享受精彩人生的机会。

我发现反抗平庸的人都会珍惜工作，

珍惜一切来之不易的机会，

珍惜一切友谊与一切相遇！

因为他们深知人生的不确定性。

于静默处得见大世界

193　认识水平决定人生的品质，

语言表现生命的底色。

人必须接受自己的经历才能活出新意，

而不是在抱怨里深陷泥沼。

一切不幸都源自不接受已经发生的。

不接受事实，让更多的人在同一个地方再次跌倒。

看见自己身上重复的反应模式，

用心灯照亮情绪的暗夜，才是真正的工作。

I

．

内外兼修为上人

处世／修行

194 有虚荣心的人必为面子所累，

各种人前演戏人后寥落；

有骄慢心的人必自设囚狱，

虽孤芳自赏终底气不足；

有贪欲心的人则必成骗子猎物，

虽捶胸顿足终不得究竟。

凡事从己身求，人行正道守正业，

则修得一颗清净心无挂无碍；

遇人从宽处想，知长短互补，

明进退自如，则修慈悲施舍意乐从容。

于静默处得见大世界

195 默契是心灵层面的相认，

平和总是接纳后的产物。

对人生保持热爱和专注的人享有真正的乐趣，

对生活感到不平不忿的人折磨的总是自己；

不管活多久，能够与孤独为伴的人都是丰富的。、

人生不过是一场关于认知的攀登，

向外如梦幻泡影，向内终得意趣滋味。

I
.
内外兼修为上人

处世／修行

196 所谓"机会"，

就是在任何转折时刻用好改变的选择权，

而不是一直维持原状；

所谓"成功"，

是已经尽力而为，人生没有遗憾也没有抱怨。

至于悲与喜、苦与乐、逆与顺，它们都一样，

不过是意识提升的必要配置而已。

随心所欲不逾矩是真自由，

关键你得真正知道什么是"矩"。

于静默处得见大世界

197 金钱是流动的能量，

与生命有一样的特质：都是数字。

谁也不能拥有它们，只看能否享用它们。

购物与相爱一样都是打开能量的一种美好体验，

人与爱人、人与爱物之间是有着秘密的吸引的，

只要认真寻找。

I

·

内外兼修为上人

处世／修行

198　尊重已经发生的事实是一种常识，

太多人却在为过去的事讲理中浪费时间。

太多时候，不是当事人就不了解全局，

而更多的时候，

即使是当事人也难解其中块垒。

生命是一种自我成长，没有对错，

敞开就可以吸收氧气，

把经历当成养料滋养自我；

封闭就会拒绝一切，为自己的认知受苦。

假如我们学会感恩与接受事实，

我们就会从所有经历中收获命运的加持。

于静默处得见大世界

中庸是一种保持恒准的能量状态，

是一种到过两极才懂得的自制力！

这就如从一出发到达二，

是一个"人"到"从"体现的追随，

然后通过三个"人"的"众"字，

知道"不二"的含义。

宇宙最精妙的知识是数字构成的结构空间。

而美妙的汉字如图画般记录所有秘密。

I
•

内外兼修为上人
处世／修行

人生有很多阶段，从懵懂无知到志气昂扬，

从偏执己见到圆融豁达，

从"只知有己"到"以他为尊"，

无论走过多少路，说到底都是心路；

无论遇见多少人，爱过谁谁谁，

最后都是自己的心镜。

但凡有所执念，皆苦；

觅心了不可得，得趣。

于静默处得见大世界

201　假如没有时间，

生命是由一个又一个的行动构成的体验之旅。

观晓风残月，任斗酒百篇，

凭栏处，潇潇雨歇，

高兴处，诗书漫卷，

都是极美的行动！

带着诗情画意生活，

带着永远开放的觉知呼吸，

生动地活着。

能够活在当下的人，

知道人生没有时间什么事儿。

I
·

内外兼修为上人

处世／修行

202　在翻天覆地的变革时代，

没有比固守自己陈旧的经验更糟糕的事情了。

无论这经验是权力还是金钱，

是证书还是名声，是痛苦还是愤怒，都一样！

执着于经验就开始错过生命的可能。

事实上，能够清空自己的人

才有机会获得更多精彩。

于静默处得见大世界

203 那些不能接受的关系才是在

断舍离上工作的入口，

那些看不惯的人与事才是

消磨我执我慢的最佳土壤。

我们最高效的工作是自我提升，

千万不要有任何改变他人的想法。

人生好自为之才最俭省。

Ⅰ
·
内外兼修为上人
处世／修行

定位由角色始，经验由经历得。

着眼于己，再行动也有经验的天花板等着；

着眼对象的差异性，决定个人和企业的高度。

物质和金钱的有限性无法代替精神

和心灵的无限特质。

做人由内及外，才能不失根本；

做事由实务虚，才是成长。

于静默处得见大世界

205　没有尊重和爱做基础，

任何赤裸裸的利用都会透支信任。

在每一个明显的企图里表露的

是孩子般的炫耀而不是聪明；

在每一个强势的请求中提示的

是利用而不是尊重；

幼稚的自我会在完全利己的策划里做着

忽略对象的傻事却想达到令人满意的结果。

不要格式化你面前活生生的人，

服务要全心全意，

功其一役，毕乎同心。

I

·

内外兼修为上人

处世／修行

206 找到自己服务的对象就等于
打开自己能量流动的出口。
没有用的人是无法真正开心的。
"用"就是被人需要。
一旦了解了生命的"用"法是
利益他人而滋养自己，
所有烦恼都将烟消云散。

于静默处得见大世界

207　管理者要从自我管理中悟道。

用激情激励不如用方法帮助，

用金钱鼓励不如用成就吸引，

用人情强迫不如用价值确认！

I
·
内外兼修为上人
处世／修行

与一般人的看法大相径庭的是：

所有成功都不是痛苦执着的结果，

而是内心坦然的坚持。

在每个领域的成就者那里，

因为有了心灵的参与，

一切过程都被视为理所当然！

他们享受过程胜于执着结果，

他们尊重常识所以从不妄自尊大。

于静默处得见大世界

活在当下意味着我们对

正在发生的一切有着明晰的觉察，

而非想象或推演。

而浮想联翩是大部分人不自觉的思维方式。

不能凝神于当下的事实，

人就会被头脑联想、产生的戏剧情绪淹没。

此刻，万籁俱静，身心无比安适。

I

·

内外兼修为上人

处世／修行

210 最深的欢乐要有最强的痛苦

作对比才可能享有，

最强的痛苦是无法转嫁到

任何对象上的内在斗争。

当我们爱着一个人的时候，

对他的抱怨是"小我"的撒娇，

对他的痛恨是对"自我"的背叛；

只有忘掉他后显现的自我真相，

才可能令我们受益，

感谢他让我们发现了另一个自己。

生命中的一切挫折都是解脱的机缘，

关键是其强度是否能摧毁自欺。

于静默处得见大世界

211 停顿和沉默在交流中就像疾病与变化

在生活中的作用一样，会打破某种平衡，

带来全新反省的机会。

苏格拉底说"未经反省的生命不值得活，

没有活过的生命不值得反省"，

一切觉悟的契机都发生在生命的内在变化中。

I
·

内外兼修为上人

处世／修行

212　自我真是个奇怪的东西：

没有它，生命沉闷单调；

有了它，酸甜苦辣纷至沓来；

它穿着"欲望"的外衣，拿着"分别"的拐杖，

走在"思辨"的路上；

一旦脱掉外衣，扔掉拐杖，它的真相才会袒露；

可它就像一个执着于镜子的美女，

在镜子前盯着画过的妆容，不愿意起身。

人生的长度并不取决于

你到过多少地方、认识多少人、见过多少风景，

而取决于你服务他人的意识、感恩生命的深度。

那才是"存在"透过你和生命对话。

由肉体蜕变成大写的"人"从灵魂的觉悟开始。

于静默处得见大世界

对于缺乏人生阅历的人，

生命如果缺乏痛苦的经历都不足以记住，

如果没有愤怒的对象能量也不能打开，

更多时候，恋爱或初恋只是提供了

我们看见自己的机会。

感触越大，受伤越重，贡献越大。

非得经历太多，才回头感恩：

感谢没有人无缘无故出现在我们的生命里，

一切为了帮助我们成为最丰富最美妙的开花。

I
·

内外兼修为上人

处世／修行

即使在最深的梦里，

也依然可以看见行动的机会；

即使在最淡薄的关系中，

也可希冀最完美的自省。

只要有痛苦后的觉醒、恐惧后的淡定、

依赖后的背叛、不设防后的打击、

投入后的忘我享受，我们都可以触摸到

命运的真相：生命是正反和合的一体，

人生是苦乐相伴的交响乐，

高潮是因为懂得所以超越。

于静默处得见大世界

215 非得遇见绕不开的死结，

才可看见习性的固执；

非得遭遇完全不由自主的经历，

才顿悟世界不是以"我"的标准运行。

令人哀伤的是，大部分人即使每刻都在经历，

从经历中却只得出一点：

世界是不公的。

假如你能看见全景，

生命就将完全为之改观；

没有对错，只有因果。

I
·

内外兼修为上人

处世／修行

216　每个人眼中的世界都是他自己心灵的地图。

局限在自我中的人从未走出经验的故乡；

而那些冒险的人却总在路上，

为每一个未知旅途的遇见

而拓展自己经验的疆土。

唯有一种人能与旅行家媲美

——彻底的禅修者，

他们可以通过静修抵达生命最深处的海洋，

从而获得对于生命领域的无限认知。

精神上无论向内向外生活都是很美的，

唯独不能原地踏步墨守成规。

于静默处得见大世界

217　缘分的天空里才能相遇，

　　同频的波段里才能相知。

　　在极精微的震动里，

　　是头脑不能到达的高处、

　　语言不能抵达的境界。

　　"在"就是"不在"。

I
·
内外兼修为上人
处世／修行

218　生命是一场通过所有外缘走向内在的探险，

　　　　所有破灭、绝望、痛苦、愤怒假如分量足够，

　　　　都可以炸出一个无他的世界。

　　　　能量无所谓正负，

　　　　只要向内就有机会遇见真相。

　　　　唯有抱怨才是人生的毒药，

　　　　它遮蔽了人内省的道路。

于静默处得见大世界

一切最美好的都是从最细处开始生发的，

就如呼吸，不为人觉知却是活力之源！

没有从小处入手的能力就不得大的究竟！

挑拣"能做什么"的后面是头脑的分别心！

做什么都没有结果，是缺乏进入现实的能力；

还没做什么就病倒了，

是空壳的身体无法接受行动的压力！

一切都是生命的挑战和机会！

区别只是人是否做好了付出自己的准备！

I

·

内外兼修为上人

处世／修行

220　每个我们正在经历的事情，

构成生命的纹理，

保持对于事实的觉察而非对可能的想象，

会令人生从容。

于静默处得见大世界

221 所有的为别人好都是逃避自己的借口。

我们好了，亲人就好；

我们开心了，周围的人就幸福。

所有证明的努力不过是自己的不甘心而已。

以人为镜，正己！

I
·

内外兼修为上人

处世／修行

被需要是一个人价值的最大体现，

也是一个人深层满足的动力源泉。

帮助家人、帮助同事，感恩向你求助的人！

唯有由近及远地帮助更多的人才可拯救自己！

能够求助的弱者是最强大的人，

因为他们能够破除虚荣的自负盔甲，

成就别人的满足感。

学会爱人，先要学会放下自我的防御；

任何一点儿唯我独尊的傲慢都是铁壁！

学会感恩，首先领悟的是

我们是被需要的人所成就的，

没有人需要的人生不值得过！

爱世间万物，爱人间百态，爱每一个生命，

才是真的爱自己！

于静默处得见大世界

223 热情需要节制！

因为在一个利益社会里

热情总是被人怀疑别有所图；

那依然要保持热情，

允许怀疑的人在自己的路上颠簸，

热情的人在爱的道上受到神的庇佑。

助人需要谨慎，"你敲门，门才开"，

耶稣的名言是真理。

不求助的人并不需要你，

太过认真地投入就是一厢情愿的强迫。

得经历过才明白中庸之道是至理。

这就是允许和接纳的真意。

I
·

内外兼修为上人

处世／修行

224 总是寻找让自己满意的真爱

不过是对自我中心的强化；

总是把其他人或社会当成糟糕的原因，

是一种无法面对真相的痼疾。

外缘皆是内心的投射，

他人总是自我的镜子。

遇事能从自己身上找原因就能进步，

遇人能理解人各有志则没有烦恼。

于静默处得见大世界

II

商道　　　功其一役，
　　　　　毕乎同心

没有尊重和爱做基础，任何赤裸裸的利用都会

透支信任。……不要格式化你面前活生生的人，

服务要全心全意，功其一役，毕乎同心。

商 道

洞见

225 最能误人的话就是"取他人之长补自己之短"。

实际上，人最大的长处也预示着

另一面同样的短处。

取长补短指的是团队建设，

扬长避短是个人成功的基础。

凡是简单模仿必然画虎不成反类犬，

凡事盲目跟风必然面目皆非难收场。

做人做企业都要有定力才有根基，

把长处用到极致才有核心竞争力！

Ⅱ
·

功其一役，毕乎同心

商道／洞见

226 真正的安宁只存在于内在世界：

你可以透过混乱发现存在的真相，

在不同的选择与不同的行为之间，

没有评判，责任自担；

产生评判痛苦的是人类头脑的"自我"认识；

安宁带来的喜乐境界经由

对于"自我"的认知达成，

那原本属于内在认知的结果

却一定得通过外缘历练碰撞才能产生。

所以，"一切皆是对的"，

说的是觉悟者的体悟；

"要努力奋斗"，

讲的是未看清的寻找者的励志。

于静默处得见大世界

227 没有七情六欲的人是活死人。

不要害怕情绪更不要掩盖和压抑它，而要觉知它。

一旦你洞悉了情绪后面的真相，

你就会成为自己身体和心灵的主人，

而不是情绪的奴隶。

在生的能量之海中自如游动

而非在概念与道德的禁锢中挣扎欲爆。

情绪是分别的产物，而没有分别就没有生活，

所以，人必须经由了解情绪运作

而走向对"自我"的了解，

这是活着最有趣也最伟大的事业。

II
·

功其一役，毕乎同心

商道／洞见

228 唯有当我们做好了准备，

机会才向我们绽开笑脸；

唯有我们能够承担责任，

权力才会被交到手中；

唯有我们的能量足以涵养我们的心，

黑暗的痛苦才被看见。

当我们与任何打击与痛苦相遇，

静静地内观，以期获得内在力量的自我加持。

不要任由发狂的头脑自怜自怨，

重复痛苦没有任何意义，

观察痛苦你已经开始摆脱它的控制。

于静默处得见大世界

229　身心的恐惧来源于对自我的放弃！

无力做自己和不能做自己令人成为

黑暗能量的牺牲品。

只有负面情绪能淹没一切，毁灭一切；

但太阳终会升起，爱的能量无所不在，

当恐惧消失的时候，新生已经开始。

II
·

功其一役，毕乎同心

商道／洞见

230　不需要为自己寻找额外的修行圣地，

那只不过体现了对自我修行的特殊执着。

只需要在每件事每个念头起处觉察、

在每个动作行时分明，

就不会堕入无知无觉无明。

觉察不是没有情绪，而是觉察到

情绪的苗头就已经令情绪化为乌有；

觉察不是躲避矛盾，

而是一切矛盾都转化成对于存在的接纳，

从而避免了分裂的痛苦。

念念分明乃至空静，自如就有机会现前。

于静默处得见大世界

231　任何挫败感和痛苦都是化了装的爱，

　　　提醒我们独自体验生命的丰富深度；

　　　任何带来伤痛甚至绝望的关系

　　　都不过是打开自闭的觉醒机会。

II

·

功其一役，毕乎同心

商道／洞见

232　"自我"的虚荣和无知只有

受到触碰与挑战时才令人有觉察的机会。

那些最令我们苦恼和焦躁的人贡献最大，

因为他帮助我们觉察到"自我"是如何运作的。

缺乏觉察的人会在自我受伤的时候用情绪反应，

抵挡不住时就逃跑，

于是，永远失去看清"自我"的机会。

于静默处得见大世界

233　失去的痛苦教会我们独立，

　　　离别的哀伤让我们珍重相聚，

　　　愤怒的火焰点亮忍耐的心性，

　　　黑暗的恐惧令人直面自己。

　　　所有不能逃避的后面都是觉醒的良机！

II

·

功其一役，毕乎同心

商道／洞见

234 任何不明究竟的"包容"

都是身心疾病的隐患。

更多时候矜持不过是对于

脆弱自我的一种包装而已。

真正的无畏是敞开：

面对一切的遭遇、人事，

以及内在的一切情绪。敞开才能包容。

包容是建立在没有压抑与委屈的、

看透的结果

——如果含有不满与反抗，

那就不是包容而是隐忍；

如果包含了愤怒和不平，

那就是对自己身心的摧残。

于静默处得见大世界

刻意的矜持与造作的阵仗，

都是脆弱的人制造的外包装，

用以掩饰自己不够自信的那部分；

而那些以嘲讽和辱骂开头的口无遮拦，

除了表达幼稚的愤怒，

还代表了不能愈合的、被忽略的伤口。

"每个生命都是唯一的"，

这句话仅仅对那些知道自己的人才是真的，

对无知无觉的"昏睡者"并不存在唯一。

II

.

功其一役，毕乎同心

商道／洞见

236 注意力就是能量！

不要把能量放在别人身上，

把所有注意力集中在内心最深处，

在觉知中行动而非在臆想中恐惧，

在开放中接纳一切而非在评判中自寻烦恼！

于静默处得见大世界

237 掌控是不安全的证明，

刚强是脆弱的外表。

能够明了一切现象的相反之处，

才有机会获得真相。

人被自己的经历打磨，

被自己的认识淬炼，

别人对此无能为力！

II

·

功其一役，毕乎同心

商道／洞见

238 当烦恼在的时候心就不在；

当怨恨在的时候爱就消失；

当忙碌占据你的时候，悠闲就不肯光顾；

当你自以为拯救众生的时候，

最该觉醒的是自己！

当修行成为目的的时候，

放下就永没有机会。

成为那个完整的自己是自我消失的时刻。

于静默处得见大世界

239　狂热是一种能量，

如果能被目标归拢就会成就所愿；

愤怒也是一种能量，

如果能超越那个引发的对象

看见愤怒后面的自己，

那已经足以"碾轧"所有情绪的泡沫了。

Ⅱ

•

功其一役，毕乎同心

商道／洞见

240　自由的身心来自从孤独的深渊

升起的独立意志，那才是活着的真相！

没有明白生命是自己做主的选择，

就无法获得帮助任何人的资格。

依赖如果不是自觉的相互选择，就只会是压力；

独立如果没有带来内在的喜悦，就不属于自由。

一个满足的生命才会付出无条件的爱，

因为他已经通过内在的觉醒而明白

自己属于一切！

而那些不明白自己是谁的、

带有欲求的"无条件"付出，

最后都是牺牲！

于静默处得见大世界

241 人生若没有一两样爱好恐将十分乏味。

有真爱好则能自得其乐，不可与人道也。

爱好有多痴，知觉有多深。

真得"爱到深处人孤独"的境界，

此生不虚矣。

II
·

功其一役，毕乎同心

商道／洞见

242 那些把自己的影响力看得太重的人

正在不断地失去它；

而那些专注于自己所做的人

正在扩散他的影响力。

影响力源于心，显于行，

是独特的个性引发的注意力！

记着，这种注意力有很多时候是非议而非赞美。

于静默处得见大世界

243　人生的最大乐趣是我们得通过知识的丰富

获得化繁为简的能力。

生命的最深体验是我们必须通过真实的苦乐

获得超越痛苦的洞见。

同样，我们也必须成为我们

曾经不理解和反对的那个人

来获得生命的圆满。

Ⅱ

·

功其一役，毕乎同心

商道／洞见

244　每个人的经历里都隐伏着真理的秘密，

只有一颗善于反省的心才能辨识出它的价值。

而痛苦与疾病、贫穷与背叛不过是特殊的礼物，

帮助人们从冷漠、自大、遗忘与平庸中惊醒，

开始珍惜活着的每一分钟。

学会爱每一个人，每一朵花，

从而令人生充满深刻的质感而非浅薄的念头。

于静默处得见大世界

245 通过觉察情绪的变化摆脱情绪的控制，

通过体验生命的每一个痛楚与喜悦享受它的丰富，

通过服侍生命体会自然不可言说的恻隐与庄严。

在就是全部。

Ⅱ
·
功其一役，毕乎同心
商道／洞见

246 在自己能够决定的事上做选择、

在自己不能决定的事情上放手，

是一种智慧。

于静默处得见大世界

247 对于有洞察力的人来说，

大道至简，一切透明，所以守中如一；

对于聪明人来说，无所不知，无所不能，

万变不离我，走不出自设的牢笼。

Ⅱ

•

功其一役，毕乎同心

商道／洞见

248　向外看得多了，就不容易大惊小怪；

向内走得深了，就不需要胡乱试探。

人真能做自己的主，

就会拥有走出来的自由人生；

人若身不由己，

做什么都是雷，想什么都是患。

若自己有病，让别人吃药是不会痊愈的。

是谓"自知者明""自知者贵"！

于静默处得见大世界

249　在我们力不能及的地方浪费时间就等于浪费生命。

最难的，是简单、容易的小事；

最容易的，是不能、不可以、理论上不成熟的大事。

所以，君子重小事担大事，小人轻小事不成事。

Ⅱ

•

功其一役，毕乎同心

商道／洞见

250 在恰当的时候沉默，

使人能够意识到自己和存在的联系，

和周边所有环境及人的位置与关系。

它们被另外一种力量安排得井井有条。

于静默处得见大世界

那些最深的恐惧和疏离后面，

往往意味着最大的哀伤与痛苦；

在那些最坚强和最粗暴的表象后面，

往往是最柔弱和温软的心灵；

那看上去最天真和柔弱的外表，

往往掩盖着坚韧不拔的意志。

人往往和外在的表象呈现相反的面貌。

喜乐相随，黑白并存，

人就是通过接受不同和消除异己之见

而生活在世间的。

II
·
功其一役，毕乎同心
商道／洞见

252 没有平凡的岗位，只有平庸的人生。

时间是忠诚的底色，困难是责任的机会，

危险是勇气的老师，厌恶是自我的边界。

时时觉察，处处解脱。

喜乐人生，不亦快哉。

于静默处得见大世界

253 在当下的存在，知道越多语言越少，

明白一点真理，就看到太多虚妄。

真正的简单和纯粹就是最高的人生境界。

曾经复杂过，才能明了简单的美；

曾经知道太多，才会理解简单的纯粹；

没有厚重的积累，就没有轻松的放下；

没有绝境的挣扎，就少有最后的顿悟。

Ⅱ
·

功其一役，毕乎同心

商道／洞见

254 如果你的经历没有彻底粉碎你的经验，

颠覆你的惯性思维，

那一切真正的改变都不会发生。

它们不过是通过各种令人眼花缭乱的

形式完成对于自我的再一次确认而已。

每当生命中出现颠覆性的裂变时刻，

就是突破我们经验局限的宝贵时机。

要有足够的觉察抓住它，

静观裂变后的自己，进行新方法的尝试；

而不要通过已有的经验进行选择性评判，

那只会重回惯性，革命和创新将不会发生。

生机勃勃永远与蜕变有关，

墨守成规则只能带来封闭后的无聊。

于静默处得见大世界

255　由小见大，说的是经验；

隔行不隔理，讲的是经历后的判断。

经验与经历完全不同。

一个有经验的人可能会受限于

他的经验从而难以用到能人，

更难以培养高人；

相反，一个无经验有阅历的人会放手用人，

最后，无为而治，反而培养了能人，

把自己推到了高人的位置。

聪明是修道的最大敌人。

不得不察啊！

Ⅱ
·
功其一役，毕乎同心

商道／洞见

无为并不是指什么都不做，

而是指并不被欲求控制的清醒。

能够不被执着控制的人通常都是

由最大的执着中走出来的意志坚定者。

正因为如此，才能够因为堪透而放下。

从未明白"自己是谁""自己在干什么"的人，

即使"有为"也是目的与目标不清楚的赌博，

而"无为"不过是不能坚持到最后结果的

挡箭牌而已。

于静默处得见大世界

257 浓墨重彩的生活需要与众不同的能量作底色，

淡定坚强的人生态度需要千锤百炼的

精神成长作代价。

信心需要用困难面前的坚持确立，

爱情需要用婚姻的忠诚证明，

成功用常人之不可能之时才凸显，

友谊用绝境时的坚持才珍贵；

几乎世间的一切品格描述都需要

行为的结果来证明。

所以，听人说得好听不如看人做得如何。

Ⅱ

·

功其一役，毕乎同心

商道／洞见

258 当你对外界有所防备时,

你会让自己变得客气,

力图表现出自己最好的一面;

人感到最安全的时候,会摘下面具。

这就是为什么我们总是在亲近关系里

看到情绪真相的原因。

情绪是压抑的能量,

除非你获得觉察的能力,

否则就永远不能摆脱情绪的制约。

于静默处得见大世界

259 关注目标如何达成比罗列有哪些问题更重要。

大部分人都受制于自己习惯的局限，

用"不可能"的惯性思维

让自己失去了一切可能的机会；

只有少数人因为清楚自己的目的，

从而总是尽力去寻找可能的方法

突破自己的局限。

从根本上说，成功是一种

冲破惯性经验的思维方式！

要有极高的自我觉察才能发现。

II
·

功其一役，毕乎同心

商道 / 洞见

260 独立是人生最重要的成长标志！

心智的成熟是独立的基础，

生活的独立是成人的分水岭。

独立是在与他人与自己

保持距离感的过程中实现的。

如果不能与他人包括父母家人保持距离感，

人与人之间的感情纠结就会令双方窒息；

太多时候，那些用爱的名义进行的控制

不过是自己长不大也不让对方成长的感情绑架；

与自己保持距离，能够从更高的心智层面

令我们用觉察看清情绪的泡沫，

从而获得清明的智能体验。

于静默处得见大世界

意识到自己的局限的人，才有机会走向无限；

意识到自己在不自觉地评价一切人和事的时候，

人才有机会摆脱头脑的想象；

意识到这清晨的寂静与林立的高楼

及近在咫尺的西湖庞然杂糅成为世界的缩影，

人才有机会超越现象享受内在的宁静。

外显是与内化共生的。

内在的意识决定能量水平的高低。

随时保持对于内外的清醒观照，直到内外无别。

Ⅱ

．

功其一役，毕乎同心

商道／洞见

262　人要有明确的服务对象，

才有机会从付出中获得对于自身能力的了解；

否则，都是概念的游戏。

人还要有对于分别心的洞察，

才有可能区分真相与想象的差异。

于静默处得见大世界

263 不要为一切已经发生的后悔！

也不要为没有发生的担忧！

所谓"明智"，

就是看得见事实与想象的区别。

Ⅱ

·

功其一役，毕乎同心

商道／洞见

264 不需要远离红尘！

安静地做好每一件当下的事，

喜悦地享受每一分钟，

随时觉察自己的每一个表现与念头，

人压根儿就不需要去远处闭关。

比起多变的现实与更为多变的头脑，

能在每一次呼吸中修觉知，

在每一个反应面前观心，

在每一件事情上反省，

往往收获最大，感受最深，进步最快。

于静默处得见大世界

265 生命作为一种能量存在，

从未干涸也不会停滞。

没有什么工作与生活的分别，

只有不同时空地点的转换。

对于怠惰的人，任何一个改变都会引发不适；

对于保持觉知的人，每一分钟都是全新的。

活在当下的人没工夫抱怨，

抱怨的人没时间行动。

Ⅱ
·

功其一役，毕乎同心

商道／洞见

266　创业时，在项目上不能聚焦于

特定市场就等于兵力不足却想拉长战线，

只能分散力量，不足以快速立足。

投资不等于投机。

这个时代因为对成功的贪欲充满了

聪明的投机者，令人急功近利反而失败。

从长远看，成功者皆是踏实稳健专注的实干家。

于静默处得见大世界

267 企业不同阶段特点：

创业阶段需要老板有定位、能行动，

发展期间需要组织能运行、有效率；

成熟期需要有品牌、能传播。

Ⅱ

·

功其一役，毕乎同心

商道／洞见

268 你所做的一切都是对的，

不同之处在于开始时你是否看到最终的结果；

问清目的才能减少折腾，

遇到困难才能找到方法。

长久赢利与投机敛钱有区别。

品牌最大的特质是在提升价值上保持市场领先，

机会觉察的能力，在产品创新中

保持客户忠诚的魅力，

在企业发展中永葆文化的独特活力；

投机者则擅长讲故事和击鼓传花。

于静默处得见大世界

269 无对象的市场营销是一种自我意淫，

无目的的管理经营是一场赌博。

当人们为手段和表面的形式沾沾自喜时，

其实质无非证明自己缺乏对于结果的洞察。

II

·

功其一役，毕乎同心

商道／洞见

270　管理不是等待事情发生时的挺身而出和救火，

而是以目标为导向的分工协作；

管理不是写下厚厚的条条框框供人品鉴，

而是每个人都知道自己该做什么

和应该做到何种程度；

真正的管理者是那些超越条条框框，

自我激励、自我管理

并能激励众人全力投入工作的人。

于静默处得见大世界

271 定力就是对于自己选择的坚持。

持之以恒讲的是明确服务对象前提下的坚持不懈，

不是在毫无判断的胡乱试探里固执己见。

任何企业没有明确的客户带来业绩的增长，

所赢得的都不是利润；

投机和投资最大的区别，前者短线快出，

后者长线持有。

瞄准的靶子一再变换，瞄得再准用处也不大。

服务对象是生意的核心，

在此基础上才有战略模式

和经营定位、产品创新和业绩增长。

II

•

功其一役，毕乎同心

商道／洞见

272 管理是过程控制而非结果统计，

是解决问题而非证明问题；

管理是重行为而轻理论，

是系统结构下的细节明晰

而非失去目标与全局的"点子争论"。

管理是逻辑哲学，领导是变通的艺术。

于静默处得见大世界

273 去组织化、去渠道化，是未来社会的显著特征。

社会成为按需组合的集成世界，

非得"无我"才能有用，

凡是以"我"为出发点的一切都将逐渐失灵。

无论组织还是个人，

实现自己对于他人的价值将是成功最重要的特征。

II

•

功其一役，毕乎同心

商道／洞见

274　现成的理论永远是实践的总结！

所以它既能指导缺乏实践的人，

也能阻碍创新者的思维！

战略的核心是以"满足对象需求"为焦点、

以"扬己特长"为重点的目标管理与过程运营。

世间一切万法尽在变化的关系中。

互联网不过是帮助我们实现"无我"的

最强大路径而已。

于静默处得见大世界

在团队目标上，如果只是想证明自己的正确，

所有人都会被忽略；

所以，聪明老板没人可用。

如果你花钱只是想证明自己的正确，

那么你依然听不到任何不同的建议，

也无法看见任何不同。

人自己的经验与认知就是成长最大的障碍；

胜人易，察己难。

Ⅱ

•

功其一役，毕乎同心

商道／洞见

276　生命是能量运动的结果；

运动就是冲突，没有冲突就没有能量。

能量无所谓正负，人的能量都差不多，

只是有些人节省它，用于特定的目标；

有些人乱用它，令能量无谓地消耗。

当人的注意力涣散时，能量是碎片状的；

当人专注一心时，能量是完整清晰的场域。

没有冲突时，能量场是安静的原始样貌；

外力出现时，内在平衡被打破，

能量开始内在的转化工作。

人的一生就是在冲突中

令自己的能量场不断提升强度的过程，

没有经历过内在冲突的人

没有机会发现自己的潜能。

仅仅就自然的能量来看，

人也要感谢并拥抱生命中的挫折，

它们的作用就是唤起压抑的能量，

令人活出别样的可能。

于静默处得见大世界

所以，正能量是指通过关键事件和冲突

变得积极强大的自我认识。

它们与貌似强大的欲望之间的差别在于：

能量源于内在永不枯竭的活力，

令生命越活越恬淡丰富；

欲望一旦达成，人就会变得空虚而失去方向，

生命力在墨守成规的死寂中枯萎。

Ⅱ
·
功其一役，毕乎同心
商道／洞见

277 年少时自以为把全部注意力都给予那个人就是爱，

从某种意义上来说注意力确实就是集中的能量！

只是当时不明白那个注意力的后面

是要求着符合自己心意的回应的！

这个有条件的爱实际是一种

无理而狂热的自私而已。

心智成熟了，才发现：

专注却没有对于他人的期望，

享受却没有对于失去的恐惧，

才是爱该有的样子。

于静默处得见大世界

商 道

全观

278 时时觉察，事事修行。

修行要记得：行事以专，立意以定，

养气以和，炼神以精，修心以活。

盖专事所以不散；

意定所以不移；

和气所以不伤；

神精所以不乱；

活心所以可容。

于静默处得见大世界

对于从未认真思考过"我是谁"的人，

努力是必要的准备，奋斗是不可缺少的过程。

这一切都是为了帮助你发现自我。

而对于通过自我的努力已经艰苦奋斗过的人，

注意放掉关于"努力"的想法，

体会过程的启示，

成为比"奋斗"更值得的经验。

成功令人羡慕，

而内在的觉醒会达成自我的开心和圆满。

Ⅱ
·
功其一役，毕乎同心
商道／全观

280 正视自己的情绪。

在情绪激动的时候，大部分人都在

概念制造的道德面具下，

试图找出自己的正义感，

说服自己是提供了利益的那一方，

以此来责备对方。

实则越是认为自己重要的人，

越是活在需要被认可的软弱里。

真正强大的人不需要外表包装也无须被外界证明，

他们活在自如的每一刻；

这并不等于没有脾气，只不过他们的愤怒

在觉察下烟消云散。

普通人会为自己的愤怒找到理由发泄，

从而伤害对方；

教徒会为自己的情绪找到神圣的克制，

情绪会积压为毒素伤害自己；

如果人们能意识到情绪是一种能量，

于静默处得见大世界

他们就会小心看顾自己的身体反应了。

不要浪费能量在任何人或情绪的发泄中，

把一切的注意力用于内在的觉察，

从而获得更高的体认得以超越情绪的控制。

Ⅱ
·
功其一役，毕乎同心
商道 / 全观

281 很多人活在对"社会"这个怪物的愤怒里。

因为太多奇怪的坏事和假大空话

一直在污染人们的眼睛和耳朵，

进而攻陷了他们不设防、不警觉的心。

他们的生命从此失去了安宁和自我，

被无数种想象和情绪控制。

其实，除了你身边的人，社会是虚幻的概念。

接纳每一个来到我们身边的人，

那个当下就是关系建立的时刻，

就是社会本身。那是最美好而欢欣的享受。

最可怕的是对身边的美好视而不见，

对远方的罪恶念念不忘。

人这种自我折磨和牺牲的特质

是想象发达、心智幼稚的表现。

于静默处得见大世界

抱怨是无能的表现，

面子不过是自我孱弱的借口。

真正的强大在于能够按照自己的心愿生活

并有能力创造机会。

所以，那些特立独行的人都成功了，

成为群众的领头羊。

那就是时尚的意义：唯有保持个性才会拥有魔力。

坚持个性后面可是看不见的、

拒绝平庸的生命力

与坚持独往的卓绝毅力。

所有成功者的特质是先自我后利他。

"自我"不丰足，"利他"是假话。

II
·
功其一役，毕乎同心

商道／全观

283 情绪是能量冲突的反应。

当我们的注意力一直抓住对方的"不足"时，

我们来不及看见自己；

当我们习惯用"总是""一直"

来推断对方的不可改变时，

实际上是在强调自己的否定情绪。

在情绪中的人无法看见事实真相。

封闭的、逃避的人无法打开。

唯一幸运的是一旦情绪到达顶点，

绝望既可能带来失控的崩溃，

也可以带来向内的意识转换。

在情绪要崩溃的时刻用心静观自己，

在那个命若悬丝的时刻。

于静默处得见大世界

　　成长时，把所有力量都用来取悦别人的人

最终会失去自己；

所以，年轻人的一意孤行是很棒的特质。

成熟意味着一个叛逆的人

开始看到除了自我以外的他人，

开始用比较宽阔的胸怀包容不同的人和事，

这是一切成就的基础。

Ⅱ

·

功其一役，毕乎同心

商道／全观

285 大部分人只是活在自己的世界里无暇他顾，

所以，一切激奋与悸动不过是触到了

自我的边界而已；

只有少数人活在自我实现中，

不炫耀也不矫饰，不狂热也不取悦，

波澜不惊，宠辱不动。

看来，最难为的不是惊天业绩

而是平淡如水的淡定，

伟大的不是让自己符合众人的标准

而是完全成为自己。

万千世态里如如不动是为真人也。

于静默处得见大世界

人在幻想中做梦是无法行动的，

人在情绪里沉浮是无法看见真相的。

走出自我的局限，才能看见广阔的世界；

前提是深入了解了自己的每一个念头

而又俯视并穿越了它们。

II

·

功其一役，毕乎同心

商道／全观

287　每一天都是奇迹。

在变化的世界面前敞开胸怀拥抱所有可能吧，

重要的是突破自己的经验和传统模式。

适应性才是最高竞争力的前提，

否则只有被变化颠覆！

于静默处得见大世界

忙乱跟不能够放弃有关，

紧张与不原谅自己相连，

聪明是需要向别人证明自己，

辩解是跟自己过不去。

没有什么可以重要到放弃自己内心的愿望，

那是通往无怨无悔的唯一道路。

可惜，外界太嘈杂，

太多人听别人太多唯独听不见自己，

不知道自己做什么却时时点评做自己的人。

Ⅱ

·

功其一役，毕乎同心

商道／全观

289 我们从一切关系的发展中体会

生命的曲折与各种情绪，

遭遇失败与挫折、狂喜与失落，

那是通往认识自我的唯一道路！

唯有超越情绪业力的纠缠，

才可获得清净智慧。

靠假想的敌手让自己兴奋的人，

并没有感受过真正的力量；

能面对一切挑战的人，

才是首先面对自我真相的人。

力量与勇气源于我们的内心。

于静默处得见大世界

女人的柔美，如果没有内在韧性的支持，

就会因为脆弱而力不能支；

男性的刚毅，如果没有温柔做底蕴，

就无法给生命爱的空间。

每个人身上都兼具刚柔两种特质，

各有所长，人生是找到互补的那一半，

最后都会在关系中磨砺激发出

各自内在不足的部分。

这才是关系的圆满之道。

不要被社会的概念分裂自己，

或强化性别的社会符号，

允许活出独特的自己才是欢乐的人生。

II
•
功其一役，毕乎同心

商道／全观

291 关于自我重要性的幻觉会令人迷失在假设中。

而生活的残酷在于我们忽略的

往往是最重要的。

请向内问自己的心是否专注于

当下的每个人、每件事。

太多的散乱或急于达成自我目的的欲求

都会令人离开当下！

唯有真心才能传递而不受距离影响，

唯有得法才能超越习惯制约看见更多可能。

看见对象，把当下当成全部，

一切都是安好自在，天然成就！

于静默处得见大世界

头脑的评判越多离心越远；

控制欲越强，效果就越适得其反。

"无为"意味着清晰自己的角色与责任，

不强求，而非什么都不做；

"有为"意味着明确自己的目标坚持不懈，

而非刻意追求。

对于每个人来说，

能从自我做起的事情才是靠谱的！

任何基于指责的愤怒不过是一种

行动的无能为力而已。

II

•

功其一役，毕乎同心

商道／全观

293 是否懂我？这似乎成了选伴侣或朋友的前提。

自我第一时，任何对象都会被

"我"的标准量来量去，

所谓"懂我"，

不过是每件事每句话

完全符合你心中的预期，

而你的预期又因时因地因人而异，

不可预测。

把"为彼此做了什么"当成标准

似乎比"是否懂我"靠谱。

那些容忍你什么都不做只做梦的人，

那些做饭给你、你却不愿意吃的人，

那些倾听你、陪伴你却被你漠视甚至指责的人，

会因为不懂得你多变的情绪而被你忽略。

一个根本不明白自己是谁的人

却以"懂我"做条件要求外界，

只能既看不见眼前人也得不到真朋友。

没有人会为了你而成为附庸，

人人都有自己的功课要做。

与其等待一个不存在的幻影，

不如认认真真把自己搞明白。

II

·

功其一役，毕乎同心

商道／全观

内在需求越明晰，外在行为越踏实；

行动目标越清楚，行事作风越务实。

幸福和烦恼取决于一个人身心合一的程度。

合一程度越高，幸福感越强；

身心分离度越大，痛苦越深。

任何经历都得内化才能成为人生的养料，

向外的分析只会带来圆满的障碍。

于静默处得见大世界

295　认知决定我们看世界的眼光，

行动能够改变认知！

人与人的不同在于坚持或放弃！

能坚持做自己得有恒心，

能不改变初心得有志向，

能够战胜诱惑才显现定力，

能够抵抗一切压力才能坚持到底。

人生说到底，

是体力、能力、心力的融汇程度。

II

·

功其一役，毕乎同心

商道／全观

296　成熟意味着不再成长！

而年轻意味着有机会去探索未知。

墨守成规是年老的信号，

去探索的勇气才是青春的标配。

无论你走向内在还是外在，

只要勇于迈向未知，对于黑暗没有恐惧，

对于光明乐于享受，对于爱敢于付出而不是要求，

对于自我有彻查的兴趣，

总是能在某一刻遇见生命的宝藏。

它不在任何语言、明星、榜样、流行、传统、

教育、头衔、金钱、物质里面，

它只是生命本身，

是经历也是道路，是感受也是觉醒！

是内心也是身体，是精神也是物质！

它仅仅属于我们每一个人！

属于每一个人独特的自己。

于静默处得见大世界

297　人生最不后悔的事就是让自己尽可能走遍天下，

走遍天下需要逆流而上的心力，

才能获得超常的勇气。

而行万里路的人一定会阅人无数，

阅尽人间百态的人终会恍然大悟：

世上没有人能伤害我们，

如何看待自己从一切经历中的获得，

才是人与人之间最大的差异。

Ⅱ

•

功其一役，毕乎同心

商道／全观

298　自由的前提是自律，

　　　自立的条件是坚持行动，

　　　直到理想的目标被明晰地看见；

　　　回头看时，道路中的每个行动

　　　都是必要的安排，缺一不可。

于静默处得见大世界

299 古人修行：涉世学孔孟明做人之道；

忘世修老庄，得身心自由之乐；

出世参禅，享悟道之机；

总是围绕人与自己与社会的关系做文章做学问，

流派不同，道理归一。

今人入世太过则欲念炽热伤身，

避世独乐志向不高无法养心，

出世不宁沽名钓誉小人长戚戚；

健康日损，道心不固。

修心必从事上看，不需要讲大道理；

修行定从理上通，理不通则行不到；

修道可从寻常悟，形意两忘才是真。

II
.

功其一役，毕乎同心
商道／全观

300 志向、目标与对象是人生三要素，

对于超越庸俗非常重要。

从任何角度看，那些没有目标

没有志向没有对象的人生都是琐碎和扁平的，

无论说什么都有盖子，无论做什么都没有乐趣，

无论想什么都以自我经验为落点。

志向令人脱离低级趣味，目标令人积极行动，

对象令人摆脱小我的束缚。

三要素让人生立体起来，

缺乏自信的人往往三者都缺，

自信的人三者兼具。

于静默处得见大世界

301　享受生活是一种更稀缺的体验！

疫情让惯性的匆忙生活戛然而止。

凭空有了这么多安静的时光，

远离繁忙，远离无感，

远离人群，甚至远离家人，

可以用来

完全放松，认真孤独，随便挥霍……

我们是否具有活在当下的能力？

是否不再忙乱而能享受自由？

是否深思生死而获得内在的转化？

是否在看新闻时不被情绪控制而获体验感动？

每个人都是孤独的，

能够彻底享受孤独的人才是完整的。

也才能够理解这个互赖的世界，

才有慈悲之心。

II
•

功其一役，毕乎同心

商道／全观

302 成功的捷径就是找到需要你的人。

需要你服务的人越多，你成功的速度越快。

以谦卑全然的心服侍需要我们的人，

就会互相成就。

于静默处得见大世界

303   请因为我们能够给予而感恩，

那从另一方面预示着富足。

请感谢那些令我们的身心激动的人或事，

他／它们引发的一切浪潮，

都足以令我们深入生命另外的所在和未知的深度。

那些我们因为爱的伤痛流泪的痛苦时刻

不也向我们展示了恩典吗？

我们得以发现爱情是灵魂层面的运作；

那个爱人不过打开了你自我发现的阀门，

从此令你走向完整。

II
·

功其一役，毕乎同心

商道／全观

304   就像黑夜是曙光的前提一样，

付出是收获的准备。

其间的效用大小有无只与用心多少有关，

和其他无关。但有所求，

全心全意找到付出的对象，

回报的通道就已经建立了。

于静默处得见大世界

"自大视细者不尽，自细视大者不明。"《憨山绪言》

自以为是的人分为两种：

一种因认识有高度而能抓住机会，

却容易忽略过程和细节，

所以结果未能尽如人意；

一种踏实苦干将实干当成唯一的决定因素，

但也面临前途未卜的风险。

自大者忽视细节，苦干的人容易看不清方向。

大与细，放在战略与执行上是个好比喻。

战略与执行相匹配、

宏大的计划与合适的团队相呼应，

才能达成目标。

II

•

功其一役，毕乎同心

商道／全观

306　人不过是想法、方法、做法的集合体。

观点后面是认识的高度，

方法后面是学习的能力，

行动后面是整合的机会。

于静默处得见大世界

307　没有目标的人生只会原地打转，

没有目的的人生只会盲目虚度。

目标明确才能立刻行动，

目的清晰才会享受过程。

Ⅱ

·

功其一役，毕乎同心

商道／全观

308 人们经常活在自欺中：

打着放下的幌子，借以摆脱对于未知的挑战；

高喊着正义的口号，

借以摆脱对于自己无能的正视；

借着爱情的纯洁面具，

掩盖自己对于建立真正两性关系的恐惧；

借着被群体认同的成功光环，

掩盖自己内在生命的匮乏；

借着否定金钱带来的欲望泛滥，

掩盖自己对于金钱的真正无知。

于静默处得见大世界

人们在寻求符合自己心愿的选择中

套用并坚信自己的标准，

不过是在做着满足"自我"的游戏，

与真的生命体验毫无关系；

如果学习把"不可言说"或

"不能全懂""不可接受"，

当成"合适"出现的应有反应，

人生会产生超越自我的结果。

否则，除了因为重复自我而感到乏味外，

人们还能获得什么其他结果呢？

Ⅱ
·

功其一役，毕乎同心

商道／全观

310 目的不明，目标就是虚的。

做事目的不明，往往半途而废；

做人目标不明，几乎不知何往。

有趣的是：做人时，

随时心怀目的的人

会在失去过程的乐趣里远离目标；

做事时，只要随时检查目标不至偏离

就一定会达到目的。

目的为体，目标为用，不能用目标代替目的。

抽象思考有用，是因为太多的人打了一辈子鱼，

到临死前，才知道自己不需要它。

于静默处得见大世界

311 　"我"的标准和爱好是世界上很不可靠的东西。

标准一直不变说明"我"从未长大，

因为高度变了，眼界和标准必然变。

一直多变说明一切都没个定数，

我们又如何要求别人？

所以人生要通过研究自己来了解人类。

"格物致知"要先从"我""格"起，

"格"到无可"格"处，

发现自己能够随心所欲而不痛苦纠结

就"格"到位了；

自己到位了世界就对头了，自由自在世界大同，

就意味着没有"我"也就没有对错了。

一切都恰到好处。

II
·
功其一役，毕乎同心

商道／全观

312　穿越爱情的经典路径是痛苦后的醒悟，

达到事业成功的必由之路是挫折后的起步；

没有停顿的人生由曲线构成美妙的音符，

懂得它的含义才能吟唱生命的交响曲。

于静默处得见大世界

313 "能力与才华":

能完成你的本职工作叫"称职"，

比大多数人做得好叫"才干"，

超越所有人的能力叫"才华"。

让自己全力投入才能符合工作要求，

对工作无比热爱才能突出才干；

自动工作自如创造才干才能开出"才华"的果实。

成长一直都是通过被人评价获得认可的自我突破。

II
·

功其一役，毕乎同心

商道／全观

314 "你就是社会"，

经常听到人们用"社会"来消解自己的无为。

用"男人""女人"的指代

忽略他们面前的独特个体。

其实对每个人来说，社会就是你对面的人。

你的关系就是你的全部社会。

除此无它。

任何用大口号和崇高概念掩盖

自己无能为力的人都是自己人生的逃兵。

外界与内心相对，存在的合理在于

它就是坚固的实相。

不会因为任何人而改变。

一旦认识到存在的此种属性，

我们就会明白：

经常被头脑的想象控制的人并不是被外界左右，

而是被自己的情绪控制，

被自己头脑中讲故事的那个神经质的天才左右。

所以，令自己活在头脑故事里的人

于静默处得见大世界

用情绪反应为自己构筑的城堡

代替了真正的现实。

要认识到：你就是社会，

与其指责别人不如让自己变得更好，

这才是负责任和敢担当。

Ⅱ
·
功其一役，毕乎同心

商道／全观

315　人所有遭遇的集合就是命运。

懂得这一点，你就不会活在抱怨或自怜中，

不论你的头脑将你带往何处，

概念中的对错和行为上的依赖

都将令一个人被头脑控制。

那是一个虚幻的世界，

除了自我陶醉或自我暗示催眠

不具任何有趣的活力。

人的生命只有通过服务他人才能展示价值。

否则，自欺就会浪费一生。

但不会游泳的人救不了溺水的人，

自己学会在社会中游泳最重要。

通过具体的工作学习与人打交道，

是基本的生存之道。

于静默处得见大世界

316　谨慎使用你的注意力，

令它有聚焦于内的机会，

你就会获得深刻的洞察，

对于你的生命最有力的开示

来自你遇见的所有关系。

一旦他们带着企图跳舞，

带着情绪索求，带着演绎批判，

你都能收入眼中，你的心依然如故。

摆脱了情绪的评判不在于不懂

而在于不受情绪控制的自由。

令生命开花的是接纳的心而非"爱"的交换。

真爱没有条件，强迫与被强迫才能发生联系，

自由的人无法"被迫"。

Ⅱ
·
功其一役，毕乎同心
商道／全观

317　我是一个小小的个体，

我只能做到全心全意服务好身边的人，

我没有余力去关心当下以外的任何伟大事业。

我相信缘分。

一切都是因缘和合的产物。

我相信没有内心参与的生活与动物无异，

甚至还不如一切动物自在简单。

人类与其他动物最大的差异就在于

人类对自己的经历具有判断选择的能力。

舍生忘死不一定非凡，

动物们也经常一起赴死；

苦中得乐，不是做戏，超越生死才是本质。

当人有能力享受每一个片刻的丰富滋味时，

他的生命才算获得了应有的质量。

于静默处得见大世界

人可以通过精确的生产提高效率解放自己，

亦可选择不停地创新突破自己。

不论生产还是创新，都有一个共同的特征：

沉浸在忘我的行动过程中，

而不是头脑的幻想里。

所有经验都发生在"成果"之后。

至于"成果"本身，

体现智力水准的作品、金钱、名声、公司等等

会获得社会赞赏，被莫名其妙的人群消费；

体现心智能级的放松、解脱、自在

则完全属于特立独行的个人。

是左右自己的人生还是被人左右，

是个体人生之所以大相径庭的根本。

Ⅱ
·

功其一役，毕乎同心

商道／全观

319 "无"令人产生兴趣，

"有"令人感到幸福。

人们往往通过对未知的兴趣开始无穷的创造。

这可能就是"无中生有"的过程解释。

而实际上，大部分人总是着眼于那没有的，

从而忽略了已有的，这也是不幸福的根源。

所以，既要有创造力又要收获满足感

几乎需要杂技演员般的平衡能力：

大处着眼全观，近处着手全能，

身心合一万有。伟大就是超越平庸的结果。

于静默处得见大世界

所谓"放下"，不是说什么都不要，

也不是指你算计要多少，

更不是没有经历过却用放下的幌子遮掩的无能；

而是指放下了就不执着于要多少，

经历过已无所谓对错，能做到才可以不受诱惑。

没有分别执见的头脑才会通过"空"

为"心"的露面提供舞台。

一个盘算不已的头脑是"放下"的障碍。

没有经历过的放下是对生活的逃避。

Ⅱ

·

功其一役，毕乎同心

商道／全观

321　不要轻易评价任何人，除了自己！

对于一切对象都要抱持谨慎的态度！

指责别人错误的人往往证明了自己的偏见，

并不代表真理在握；

轻易就对一切自己不了解的对象下断语的人，

除了证明自我的轻慢

还表露了某种智力上的幼稚！

于静默处得见大世界

322 有主见的人容易行动，无主张的人容易烦恼。

左右摇摆者的最大特征，

是因为无法判断导致选择性焦虑。

无论就业还是创业，

由于无法决策所导致的试探性浪费

比快速行动所换来的经验更为常见。

II

·

功其一役，毕乎同心

商道／全观

323 不能正确评估自己是失败的根源。

小事不想做也不能做的人，大事将无缘做。

因为小事见人品，不踏实德行不彰；

大事见承担，无舍无容不见格局。

凡被人用，忠诚是财富之源；

凡用人，信其所能才是效力之本。

于静默处得见大世界

324 人生三境用三个字即可概括——

第一，"囚"字之自我设限的囚徒困境。

小我不知有他的索求、痛苦与自我设限。

第二，"从"字之选择建立的关系本质。

没臣服就"我慢"，看不起任何人心里就不乐，

心里不乐就分裂。所有关系的本质是内心的敬，

有"敬"有"孝"则归位，有位置才有机会。

找到臣服的对象，尊敬的师父，是"从"的意义。

否则，还在第一个字"囚"的束缚里。

第三，"众"象征超越关系纠葛的"小我"，

超过"归位"获得了稳定的秩序。

泯于众矣是外形，超于"从"矣是内在。

看到上与下，才能合于中道，

历过小与大才能成熟。

个体的一生非得走过打破自我骄傲的虚幻

进入关系臣服的本质，才可以获得

一览众山小的精神完善。

II
·

功其一役，毕乎同心

商道／全观

325 把小事当大事来对待的人一定会成为大人；
等待大事建功立业的人往往会因为错失小事
带来的能力锻炼，而承担不了大事所需的责任！
人生事无大小，每一天都值得认真对待。

于静默处得见大世界

326 　如果任由高大上的意义代替了人生的行动，

我们就会失去活着的真实；

如果听凭道德评判的情绪怒火燃烧自己，

我们就会失去客观的通达。

不论对人对事，归根结底是自己的态度决定一切，

尊重所有人的行为是消灭不满的前提。

Ⅱ
·

功其一役，毕乎同心

商道／全观

327 不能从生死的范围看人生，

活着的珍贵与美就会被庸俗淹没；

不能从快乐与美的感受去学习，

知识就是让生命僵死的凝固剂；

不能从独立的个体角度去思考，

就会成为随波逐流的二手人。

自觉最难，自制不易，自知通达。

由己出发，达人可期。

于静默处得见大世界

这是一个关系构成的世界，

一个无法被分割的整体！

每个人都不例外。

人与人的社会角色界定了

我们的社会关系是多元还是单一，

情商越高关系越平和，情商越低关系越狭隘。

人与物，似乎作为关系的补充部分，

人们在物上的痴迷填补了人际关系的不足

甚或成为人际关系的纽带！

被物转的都迷失了，超脱于物的都自由了。

人与自己的关系是到了一定阶段才有的认识，

很多人终其一生也未来得及与自己面对面。

这是一个蛮有意思的冒险之旅，远胜好莱坞大片。

瞧瞧，没有对象做参照，人将无法定义自己。

既然如此，就不要拒绝挣扎非议迷惑了，

接纳一切！自由奔放地活出自己

才是最靠谱的事情！

你越活得与众不同，才越是众所瞩目。

II

·

功其一役，毕乎同心

商道／全观

329 金钱就是爱的能量。

鄙视金钱的人无法爱上任何人。

金钱如生命，是不停流动的能量。

"水能载舟，亦能覆舟"，

说的也是财富的特性。

一个企业如果不赚钱就等于是个死亡的僵尸，

一个人不赚钱说明他不想为任何人付出。

赚钱不择手段的企业或个人最终会被能量爆破。

拥有赚钱的能力取决于自己的特长能服务多少人，

自己的工作能利益什么人。

想利他利己，得有本领。

通常人们百分之九十的财富源于四十岁以后赚的，

也说明了能力与能量是与时俱进的，

没有人可以拔苗助长。

没有人可以自己成功！

通常，那些本分做自己不投机取巧的人

最后都很丰裕满足，那些聪明的想做大事

拒绝小事的人都挺潦倒。

于静默处得见大世界

钱不欺人，人自赚钱，

谦卑有料，童叟无欺，

有来有往，生意大同。

Ⅱ

·

功其一役，毕乎同心

商道／全观

330　太关注物质生活的人无法领会精神的力量，

只沉浸在精神领域的人容易被现实抛弃。

每个人都有属于自己的道路，要么原地重复，

要么顺流而下，要么逆流而上。

成功者的共同之处是有足够的勇气和认识

去选择逆流而上的未知之路，

选一条被所有人反对的路，

并一直走到底，才是关键。

这是自讨苦吃磨炼意志的艰苦现实，

更是人们找到真我的必由之路。

成功者之所以少，仅仅是因为太多人

无法坚持到最后而已。

在真实的现实做最真的自己，

才是最不简单的事。

于静默处得见大世界

331 对于管理者来说，想法太多就容易失去判断，

方法太多就容易迷失目的，

做法太多就沦于投机取巧。

单纯在某一面发展都会进入偏执的误区。

打开身心，想法明确则战略清晰，

方法适用则事半功倍，

做法稳健才能坚持到底。

三法合一，事业人生才健康。

II

•

功其一役，毕乎同心

商道／全观

332 聪明的领导通常由于

精通专业养了一群平庸的下属，

在证明自我正确的过程中

丧失了发现人才的机会，

结果是自己成了充足气的劳模。

智慧的领导经常由于专业不突出

令一群下属脱颖而出，结果是无为成就大业，

自己成了自由人。

领导者的专业不是干活，更不是比别人聪明，

而是令多少人心甘情愿地追随。

每个人资质有浅深，才能有高下，

术业有专攻。

唯自知能胜。

于静默处得见大世界

333 经营是为了实现目的所做的判断和选择，

管理是为了实现目标所做的计划与行动。

目的越趋向于爱、服务和利他，

目标越可能实现。

唯利是图也可以因为意愿的强烈而达成，

唯一的差别是前者幸福满溢，后者空虚没劲。

上天会满足你所有愿望，

重要的是你能否通过生命的经历让自己满足。

Ⅱ
·

功其一役，毕乎同心

商道／全观

334 身临其境，不可不知。

互联网的技术革命已令社会生活

处于一个颠覆性的状态。

每个人都可以有机会呈现自己，

每个人都有了选择的机会与权利。

信息互联会解放一切生产力。

任何自我中心的孤芳自赏和权利

带来的傲慢都将被自主选择抛弃。

与时俱进不是指跟风，而是要洞察

技术为人服务的本质，才能利用技术优势

走在时代前头，而非被技术利用

证明自己的权利边界。

每一个已经死亡的大鳄

都是自己限定条件逼客户做出选择的自大者。

设限或自大会成为埋葬自己优势的坟墓，

开放和方便客户将带来最多追随；

做人做事皆同此理。

于静默处得见大世界

335　在每一个具体的经营案例中看到定位的重要，

　　　产品功能越多越等于没有重点，

　　　满足所有人等于不被任何人注意。

　　　模仿不是竞争力，特色才是！

　　　同质化只会令你湮没无闻。

　　　缺乏核心竞争力的系统设计

　　　会令人迷失在利益带来的假象中。

Ⅱ
•
功其一役，毕乎同心

商道／全观

336 这是个最好的时代，一切惯性都将被打破。

互联网的真正意义在于赋予了每个个体

自由选择的权利。

大与强可能在一夕之间坍塌，

小而实才是影响之本。

不可越过每一个人对着空气营销，

不可对着所谓"渠道"去玩形式；

内容吸引力的结果会推出"吸引力法则"的大卖。

个体即是世界！

世界就是每个人！

于静默处得见大世界

337 营销的本质是通过被对象接受

而证明自我的过程!

不了解这一点，什么手段都是不能长久奏效的。

就如人自身，如果不能明了关系中的对象作用，

就会迷失根本。

我们依赖客户认同就如

客户需要我们的产品与服务一样天经地义。

没有谁可以控制客户的需要，

只有专业、精深、独立才能被客户选择，

只有心态上无碍付出才能顺应天道人心。

你看，世界上，

几乎所有伟大事业的成就者身上

都反映了无私的终极觉悟。

II

·

功其一役，毕乎同心

商道／全观

338 经营有价值公式，营销有结构方法，

管理有动作逻辑。

只有以"满足特定客户需求"

为出发点的经营思路，

才能改掉"用关系花钱才能做生意"的习惯！

于静默处得见大世界

339 学习是一种对于未知的期待，

而不是对于经验的确认；

学习是带着热情实践所学，

而不是带着经验评判而放弃行动。

我看一切成功者都是用行动挑战成规的冒险家，

而不是用文字代替经历的空谈者。

行动者会挑选知识为自己所用，

空谈家会积攒信息证明自己博学；

前者活力十足，后者身心疲惫。

带着问题学习才能获得解决的乐趣，

带着团队学习才能获得达成共识的快乐。

Ⅱ

·

功其一役，毕乎同心

商道／全观

340 勿被狂花迷住眼。

互联网只是一种更为便捷的交流形态，

它的生命力来自使用它的人。

未来，无论人还是产品，

只有充分体现个体的独特性

才可能在未来获得生存空间。

最值得注意的，是个体的独特性

必然要通过对众人的利益性得以实现。

不论网上网下，都是迷乱的众生与欲望的海洋，

丧失自己立场的人抓不住任何东西，

用结构性产品服务对象的人会拥有长久的未来！

于静默处得见大世界

341 在自由的信息世界，

人们会直接找到自己的需要；

除了做平台的，无论物质的还是精神的产品，

只要用心满足一点需要就会被用到极致。

千万不要大而全！

千万不要大而全！！

千万不要大而全！！！

这是个没耐性的时代，越简洁越好！

满足需要的人群越精准，市场就越稳定。

创新！创新！创新！

只有用心力、智力、体力合一的创新

才会令你立于不败之地。

Ⅱ
·
功其一役，毕乎同心

商道／全观

在商业社会，经营者如果没有定力，

贪婪就会令生产扩大化到过剩的程度，

从而毁掉任何产品可能的珍贵特质。

在产品过剩的浪费时代，

人的物理需求会向精神需求转化，

功能需求会向审美需求转化，

由"人人皆知"向"唯我独爱"转化，

这些变化如果被研发者和经营者忽略，

就有可能因为定价的惯性

而失去最大的利润贡献阶层。

于静默处得见大世界

343 企业与人一样也是一个生命体。

能否从小到大健康成长，

是要通过时间孕育的。

是谁在时间的流逝里默默培育它的才干，

凸显它的个性，锻造它的风格？

它要走过多少路才能形成自己独特的魅力？

它要服务多少客户才获得稳定的生存空间？

符合客户需求并覆盖不同能量体的产品结构

是它的母亲，为它投资并买单的人是它的父亲。

产品与现金流共同孕育的公司才有可能健康成长。

任何拔苗助长的投机都是创业的敌人。

创业不是靠聪明寻找资本卖身，

而是靠产品服务更多客户让客户用买单投票。

服务真实的生命需求，摆脱卖货思维，

在解决方案上下功夫打破传统，

创业才有机会成为生命的盛宴。

II
•
功其一役，毕乎同心
商道／全观

344 没有经历时间中的体力、智力、心力的整合

与付出，无论个人还是组织，

也无论规模大与小，都无法保持持续增长的势头。

因为能量的源头是心。

人是拥有无限的最大的能量体，

而迂回曲折的变化是能量存在的方式！

理解了变化的美妙，人才有机会享受

高低起伏的过程；

否则，掌控的欲望幻觉会搞糟一切，

令人要么过紧而崩断，要么过松而消沉，

于存在本身无损分毫，徒然消耗自身。

于静默处得见大世界

345 经济的发展永远是人类生活的产物。

未来已来，"以我为中心"的思考

必须转向"以对象为主"的设计；

"以产品为重点"的销售必须向

"以场景为标志"的解决方案转变；

"以价格为落点"的营销必须向

"以价值为中心"的吸引转化。

谁不能从自我否定开始，谁就会错过未来。

Ⅱ

·

功其一役，毕乎同心

商道／全观

346 人生和企业经营一样，定位第一。

请搞清自己的长处，坚持它；

盘点自己企业的核心竞争力，看它还在吗？

太多企业早已在不断地模仿和创新中

失去了自己的看家本领，就如很多人

在跟风中令自己成为迷途的羔羊。

特长与特色是区别于我们和他人的根本要素。

同质化是这个过剩时代的最大敌人。

只是大部分企业会把"自我感觉"

当定位咬住不放，而定位的精髓是

人或企业的终极使命，抽象而又具象，

从服务对象或内容出发获得价值，

与之匹配的核心产品必然拥有相当数额的粉丝

以保证其市场占有率，它们相辅相成，

但并不仅仅局限于产品；

因为项目或产品会过时，使命不会。

不了解这一点，企业就会在定位上

犯下模糊或过宽过窄的错误，

于静默处得见大世界

或因为缺乏定位失去特色，

使自己成为杂技游乐场，走向唯利是图的窄路；

或采取急功近利的手段什么都尝试，

从而失去自己获得成功的定位根本。

企业需要定位正如人需要定力一样重要；

与其紧跟潮流不如坚持信仰，

与其盘算盈亏不如明确特长，

与其向外游学不如做好系统，

与其打压对手不如创新未来；

打铁还得自身硬，

结构基本功永远是基础，

突破"成功"带来的认知局限

才是"成功者"的入门课程。

II

·

功其一役，毕乎同心

商道／全观

347 除了自我认知，世间没有什么是重要的。

譬如大街上有人唱歌或吵架，

他们各自感受不同，或欢乐或气愤；

一楼的旁观者可以选择欣赏或报警，

十楼的能听见却看不见谁做什么，

三十楼的已经看不见听不到任何动静，

七十层的没有机会向下看那一条细细的道路上

是否有个小黑点，他们只顾欣赏

云遮雾绕的洞天空境。

不要把自己的感受当成别人的体会，

更不要用自己的标准衡量社会；

自立自强才是基础，自足自成才是根本。

于静默处得见大世界

人生是寻找自我的旅程。

那些只知道贬抑自己的人通常还没有出发；

那些自以为是的人正走在找寻的路上；

那些用有多少金钱、是什么级别、

有什么头衔、属于某个艺术圈子、

有多少思想和文化、信仰佛或基督等等

四处向世人证明自己的与众不同的人，

还未得其门而入；

只有那些通过一己之长服务他人、

获得内心满足的人才算得其门而入。

电影《一代宗师》里的台词

"见自己，见天地，见众生"

可以直接概括自我修行的三个境界。

"见自己"，要以"技"立身，

没有"操千曲而后晓声，观千剑而后识器"的

千锤百炼，就不能"晓"也不能"识"技的真谛。

任何立身之技的真谛都与"对象"有关，

II

·

功其一役，毕乎同心

商道／全观

与天地之间的存在有关。

不能通过对"技术"应用的极致领悟，

就不能发现自己的存在价值，

就无从找到宇宙真理。

"格物致知"说的就是这个意思。

"技术"从学习到"使"用，到"活"用，

乃至"化"用，是个人用技术服务他人的过程，

也是自己明心见性的修"道"过程。

离开"以技立身"，道无可傍；

离开"以德修道"，法无可依；

离开"对象"，技无可用。

一旦悟到此点，天地万物浑为我用。

"我"即天地万物，无我矣。

"见天地"，只有掌握了天、地、人

之间的能量循环定理，知道：

"我即客户，也即产品的消费者，

宇宙能量是通过产品与客户的交易

于静默处得见大世界

形成的数字变化，人人为我，我为人人"，

就明了了"天地即数字、生命即数字、

能量即数字"的根本，

就有机会摆脱情绪的控制活出"合一"的境界。

"见众生"，要知道众生不是众多，

是包含了高、中、低三种不同能量的客户的

存在整体，是由高层到中层到基层

构成的不同能量的结构存在，

是明星、金牛、肥狗的不同生命周期的产品示现，

能够用不断创新的产品、服务满足不同层级

客户需求的人，才能走在成功的路上。

II

·

功其一役，毕乎同心

商道／全观

349 格物致知，

头脑代表的、逻辑的极致一定通往爱的无界。

在中途，你通过一个杰出的头脑

可以获得世俗的一切物质与体面、权威与荣光。

大部分人的失败是他们从未

令自己尝过极致的滋味

就已死在自我消耗的途中。

极致的尽头是这一切努力与奋斗、挣扎

与证明的消解，那才是爱的无求之真相。

爱到深处人孤独。

爱是允许一切发生的了解，

借着这份了悟产生了慈悲：

只差一念，生命就会摆脱所有烦恼，

但就这一念却阻隔了千百万人，

觉悟者的爱莫能助才是慈悲的真意。

爱的尽头是灵魂宁静的大海，

那里的美妙是活生生的，无法言传的，

于静默处得见大智慧。

于静默处得见大世界

商 道

信行

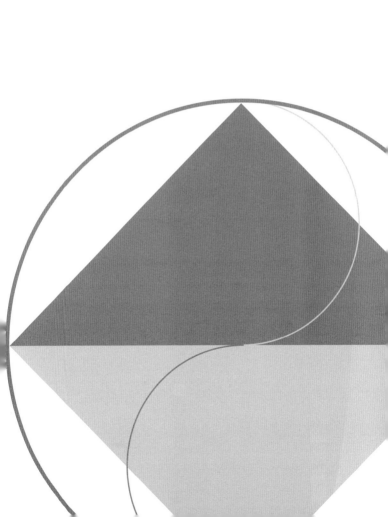

350 聪明人的自以为是往往通过

对别人的挑剔与外在的评价显露，

其中特别强调的"面子"不过是

自我不够强大的纠结产物。

真正的强大是无所不达的信念

与坚韧不拔的毅力合二为一的行动力，

而行动的人顾不上挑剔任何人。

于静默处得见大世界

351　抱怨也是能量，不过更为涣散而已。

它是迷失了行动目标的能量表现。

抱怨的人把焦点放在外界或对方身上，

从而制造了把责任推给别人，

自己得以抽身事外的假象。

假如你有坚定的目标，就没有时间抱怨，

你的能量会紧紧围绕行动的目标焦点运作。

你会无往不达。

世界是你的心像，

生活没有亏欠你任何东西，

你所遇见的一切都是为了成就独特的你，

如此而已。

Ⅱ

•

功其一役，毕乎同心

商道／信行

352 　忙不是好事，闲也不是坏事。

能够选择做什么与不做什么的人

都属于能够自主的有定力和能力的人。

而大部分人都在"思考做什么""准备做什么"

"选择性困难"面前令自己成为想象的奴隶，

或者因为无法接受自己一个人的当下

而变成了两种怪物：喋喋不休或四处碰壁。

从这个角度看，

内在的定力比外在的表现重要。

于静默处得见大世界

353 做人自省才能进步：

一旦做到目中有人而不是目空一切、

言之有物而不是虚与委蛇、

行之得法而不是投机取巧、

心里有爱而不是欲望泛滥，

人就开始脚踏实地了。

踏实就是做自己能做，说自己真信。

合一就是：

我说的我必信，我信的我必做，

我做的必坚持，能持久必成功。

这里没有机遇只有心的念力产生的能量，

它是无尽。

Ⅱ
·
功其一役，毕乎同心

商道／信行

354 　大部分人从未好好利用过自己的生命。

对于身心的忽略与对于头脑梦的热衷处于

同等状态时，人是睡着的。

所谓"遇见未知的自己"，

是指遇到清明的觉知那一刻，

生活将像全新的舞台般徐徐展开它的未知、

神秘和壮丽。

唯有醒来的人才可看见！

一生中如果没有竭尽全力到

再也不能支持下去的极限经历，

就很可能错过真正的自己。

而唯有深刻的痛苦、不能承受的压力、

超强的体力劳动，才能够唤醒内在的觉知。

这也是极限运动令人着迷的原因。

尽一切去挑战不可能才是人生最有价值的尝试！

于静默处得见大世界

355 生命的本质是通过问题成长。

大部分被头脑控制的人，

都在关于"困难"的想象里，

被"不可能"浪费了自己的一生。

Ⅱ

·

功其一役，毕乎同心

商道／信行

356 大部分时候，并不是你做了什么太重的工作

才导致疲劳，而是太多的念头令人消耗能量，

就如全部程序打开的电脑，非得死机不可。

令人神清气爽的唯一方法是

用行动目标统帅一切杂念。

我们会被带上一条没有时间烦恼的道路，

然后用对无数方法的探寻作为

打破自我惯性的训练，

始终如一地坚持走下去。

如果在物质目标达成后，

我们能够认真到头疼地思考一下

为什么有目标的行动如此重要，

就有机会获得柳暗花明的大快乐！

于静默处得见大世界

357　一切判断都是经验的产物。

没有经验的人总是试图用复杂的知识

证明自己的渊博，

有能力的人却常常用

最直截了当的行动解决问题。

在结果面前，没有被忽略的能力；

在能力后面，却有丰富的经验支持。

II

·

功其一役，毕乎同心

商道／信行

358　很多的人被内在的力量推动，令自己的人生改变；

很多人被外在的遭遇改变，影响自己的内心。

我们的人生在内外夹击中淬炼金刚，

直到不生不灭。

比起情绪的起伏，解决问题才是关键；

比起自我的放逐，禁忌可能是力量的标志；

比起头脑的理想世界，行动才是生活唯一的导师。

于静默处得见大世界

359 说什么，做什么，这都是片面的经验。

能够知行合一、我信的我做、

我说的我行，身心合一才是幸福的出发点。

然后，可以将心比心，

看见对象，尊重事实，不妄自菲薄，

也不过分依赖任何东西。

II

·

功其一役，毕乎同心

商道／信行

360　没有经验时，行动比选择重要，

最可能的行动就是最好的机会。

太多人因为头脑的算计

和所谓最佳的选择浪费了人生。

因为，没有经历时，

我们根本不具备选择的资格。

从当下开始投入，就能从投入收获未来。

有了经验后，放弃比选择重要。

太多的机会和诱惑要求你付出有限的经验和时间。

而人生最为重要的自由并不源于

外界的"利"诱，

而是来自对"放弃"利诱的权力坚守。

于静默处得见大世界

361 一般的人用幻想代替行动，

通过头脑的推演能力自我设限和自我麻醉，

令自己的生活成为自我消耗的过程，

从而无力结出幸福的果实；

成功的人用行动代替杂念，

用具体的目标连接起理想和现实，

他们用与众不同的经历丰富自己的生命，

在每一次超出平庸和惯性的选择中

品尝生命的丰富滋味。

由此，我们看到"活着"与"活过"

是两种不同的人生。

Ⅱ
·

功其一役，毕乎同心

商道／信行

362　人生就像一只广口杯：

你用"一切皆有可能"的坚信敞开，

就能注入你需要的甘露；

你用"那是不可能的"盖子盖住，

情形当然可以想见。

人生的关键在于"信"与"不信"的区别，

并不在于"能"与"不能"。

于静默处得见大世界

363 我们活着的所有使命就是在不断的体验中

发现生命本身的潜能和美。

没有所谓安全，只有经历，

任何经历都是礼物。

去行动，去迈向所有未知。

这是生命的秘密。

关键在于我们能否像一个英雄那样奋勇失败。

II

•

功其一役，毕乎同心

商道 / 信行

364 "人最大的责任是成为自己"，不论性别，

成功的人都是内心明确自己是谁的人。

凡是依附者人生必然残缺。

不论你做什么，

只要有坚持的恒心和不畏千夫所指的勇气

就一定会成为众心所向之人。

于静默处得见大世界

365 经历是经验的来源，真理是实践的总结。

没有身体力行，真理就是空话；

有了身心投入的践行，

"大道至简"的真理才会闪光。

"知行合一"为人生至理，不可偏废。

只思不行谓之"惘"，只行不思谓之"愚"；

且思且行谓之"探"，且行且悟是谓"得"。

Ⅱ

·

功其一役，毕乎同心

商道／信行

366 你全力以赴了吗?

能量与潜能是两种互相转化的力量。

能量使用的极致就是潜能露面的机会。

不要希望自己和业务一成不变,

没有改变犹如死水,

从不会带来潜能开发的机会;

而潜能的启动以能量集中耗尽为前提。

那个类似绝境的、坚持不下去的时刻才是机会。

你有创造并寻找极致吗?

人生所有的机会都出现在那个时候的选择中。

于静默处得见大世界

367　没有问题就没有生活，

生命的本质是通过问题成长。

面对困难的态度决定人生。

如果你不逃避，

所有问题都将会被面对而得到解决。

然后，你会惊讶地发现，没有什么是解决不了的。

假如你听凭头脑的计算，任何事都可能

成为"困难"的入口。

因为没有关于"困难"的想象，

就会出现身心合力行动的机会。

头脑的功用就是用制造"困难"

阻止心灵成为肉体的主人。

大部分被头脑控制的人，

在关于"困难"的想象里，

用"不可能"浪费了自己的一生。

Ⅱ
·

功其一役，毕乎同心

商道／信行

368 信就坚持，做就彻底，断则决然，

万不可拖泥带水，脚踏两只船。

因为脚踏两只船的结果，

船要么原地不行，要么各自启航。

人最终还是要么跳上其中一条，

位置绝不会是船长；

要么直接掉进水里，

哪条船上都没有你的位置。

机会多时，选择十分重要；

既然选择，坚持则十分必要。

于静默处得见大世界

369 人生经不起浪费，

行动才是最丰富的养料。

大部分人因为想得太多、做得太少而失败；

还有更多人用想法欺骗自己忽悠别人，

以为知道就是懂得，实际动手，却无法开头。

能够把一个想法变成现实的唯一通道

就是开始行动。

II

•

功其一役，毕乎同心

商道／信行

370 只要把想法变成行动，

我们就可以去世界的任何地方；

只有把自己看成是自由的，

我们才可以实现任何可能。

除了被自己禁锢，

这世界上不存在任何障碍。

于静默处得见大世界

世界是数字构成的完美序列。

思维的结构化就是数学金字塔。

由目标构成的数字，站在塔顶。

塔尖的想法、塔身的方法、塔基的做法，

构成了完整的人生模型。

想法太多容易迷失，所以需要用目标聚焦；

方法如果是重复自我经验，

就没有机会突破和创新，

所以谦虚多问，找工具，用人所长最佳；

做法上多变则一事无成，

唯有持久才技艺精湛从容自由。

任何时候，如果从想法、方法、做法三法合一的

角度检视自己，人就容易看见自己的死角或短板，

获得超越经验与惯性的思维认知。

关键是能够把自己的想法、方法与做法

用量化的目标统一起来，

不要陷于想法的万花筒，经验的死胡同，

做法的千变万化，三法合一，目标可达。

Ⅱ

·

功其一役，毕乎同心

商道／信行

372 真理都是结论，而人生是过程；

学习是行为，致用是目的；

方法是工具，能力是做到。

如果你是打开的，

甚至不需要语言影响已经发生；

如果心是封闭的，

说得再好也没有回响。

于静默处得见大世界

373 做事专注是定力，

明确目标是能力，发心利他是愿力！

有定力、不散乱，所以没工夫烦恼；

有能力、能承担、干得欢，所以没时间抱怨；

有愿力、能自省、不投射，所以没有是非！

Ⅱ

·

功其一役，毕乎同心

商道／信行

374 压力往往源于自我的面子。

帮助他人是个危险的企图，

那将自己置于一个较高的位置；

其实，没有人能真的帮助他人，

人都是自我选择的结果。

如此一来，我们就会放下自我的面子，

用服务的谦卑活出自如的感觉。

决定结果的，从来只有

一个前提——

目标数字化；

三个落点——

心态上信，行动上做，结果上得。

于静默处得见大世界

375　想活得真实，

　　记住让自己远离形容词和名词，

　　直接拥抱动词。

　　太多人被文字捆绑了人生，

　　而非用体验经历生命本身。

　　警惕那些关于名牌、名人、名企的故事和预言，

　　因为活着的没工夫说，评价的没能力干。

Ⅱ

·

功其一役，毕乎同心

商道／信行

376　我发现，一个自私的人看世界的方式

就是"以我为中心"，

假如看见真实的对象，世界就会完全不同。

从了解团队开始，我们才能找到自己的位置；

从理解共同目标的重要性开始，

我们才有机会脱离对与错的争执，

从而思考自己对于整体的贡献是什么……

目标、对象、行动才是修行"无我"的最真落点。

于静默处得见大世界

377　执行力的根本不是会说，

　　　　而是会令所有层级做到他们该做的：

　　　　上层要定策略，

　　　　中层要懂方法，

　　　　基层要有标准。

Ⅱ
·
功其一役，毕乎同心
商道／信行

378 　"管理者要有料不露，有道不显，有人不干"，才能为下属留出空间，给到机会。

　　"有"然后才能"无"。

于静默处得见大世界

379   不能没有经营目标，

因为目标决定你是原地踏步

还是一路前行的存在状态。

有了目标还要有坚持的信念。

这种对信念的信仰是成败的关键。

有了目标自然会知道需要什么样的团队配合，

只自得于一己天才的人不会成就团队，

只会制造食客。

业务取决于你对客户的服务心力。

压榨客户会被抛弃，爱客户需要集中能力。

为钱什么都敢做充其量是文雅包装的赌徒。

经营者不要当一个杂耍者，

手里随时舞弄着一堆球，要弄得眼花缭乱，

一旦停手，所有球都得落地。

说出你的目标，确认你的选择、相信你的选择，

然后坚持你的选择，

所有成功后面不过是成功者定力的集合。

Ⅱ

·

功其一役，毕乎同心

商道／信行

380 经营者成长三部曲：

非我不行，起步时要现金生存，逼你什么都行；

发展时，要组织壮大，无我也行；

成长时，要精神指引，无信不行。

企业成长的每一阶段，

都是企业家自我突破的过程。

任何唯我独尊的好高骛远都是失败的陷阱。

于静默处得见大世界

381 如果想法上不散乱，

人就有机会看见对立的统一

——没有白天也就没有黑夜，

没有大也无所谓小；

如果方法上不执着，人就有机会创新

——还有超越我们自我经验的他人智慧

在那里很多很多；

如果做法上能坚持到底，就会获得自由之境

——熟能生巧，巧而活用，用而能化。

人能三法合一则能圣能王。

II

·

功其一役，毕乎同心

商道／信行

382 三个关键落点决定个人和组织的成功:

围绕目标金字塔的建顶、扩边和筑基。

建顶意指做前所未有的挑战创新,

扩边指扩大原有成绩的加分,

筑基指必须有稳固基础的支持;

如此上中下联动的系统结构

才能令人或组织立于不败之地。

明确目的做事,归于系统思考!

看见三层结构,才能突破经验!

于静默处得见大世界

383　实现目标的建顶有三个落点。

一是创新，

做人所未有，己亦没有，

客户需要，利于社会的产品。

这是保持竞争力与生命力的根本能力。

二是更新，

把已有的最受欢迎的产品用心做到极致，

并不断改进，直到服务心力与客户感受暗合。

维护人心不如留住人心，超出期望才是根本。

这是扩大客户的关键动作！

三是长新，

人心的温柔和爱，是令一切产品变得迷人的前提。

在一个产品高度同质化的过剩时代，

终端与服务的士气与表现才是建顶的关键！

价值认同与爱的尊重，这是经营的价值基础。

Ⅱ
•
功其一役，毕乎同心

商道／信行

384　年轻与年龄无关。

　　有人很早就关闭了兴趣的大门，

　　终身按照别人的模式生活，

　　这样人的生活是二手的；

　　而那些真正活过的人总是对外界

　　保持全然和新鲜的关注。

　　永不设限是年轻的标志，

　　生命最大的惊喜在于一切皆有可能。

于静默处得见大世界

385 生命的本质是变化，不要恐惧未知，

不要重复自己，不要试图成为别人，

要坚信自己的独特性才能不负此生。

成长是通过打破一切条条框框的约束后

获得的礼物，

抛弃"不可能"的自毁设限，

用"我试试"的行动走出属于自己的金光大道。

Ⅱ
·
功其一役，毕乎同心

商道／信行

386 时间是一种可快可慢的物质：

有时它快如闪电，当最美的晚霞出现时，

你甚至无法停住眼睛，美丽转瞬即逝；

有时它慢如蜗牛，当你停止一切思考，

开始一种全新的体会时，时间开始融化。

心是这一切的源头。

无论何时何地，

开始一段全新的生活即意味着改变自己的认知，

意味着经验的突破；

比起墨守成规的死亡，改变永远非常值得。

于静默处得见大世界

387   强大的外表后面是脆弱，掌控的后面是恐惧，

指责的后面是需要肯定！

真正的爱没有条件，包容和忍耐的区别是允许，

否则总有忍无可忍之时。

我们的心决定对方是什么人！

改变对方不可能，改变自己很难却有可能；

我们变了，世界就会变。

Ⅱ

·

功其一役，毕乎同心

商道 / 信行

Ⅲ　关系　　穿越孤独，
　　　　　　无所不容

生活的深度由关系构成，我们与物质的关系
不过是基础，我们与他人的关系只是表象，
所有关系到了最后，都是我们与深层自我的
本质投射。

388 　得通过各种关系的考验与伤害，

　　　　人才能够深入自己的内在，

　　　　然后穿越自己的孤独，

　　　　成就无所不容的智慧。

　　　　人生是一场独自的修行。

III

·

穿越孤独，无所不容

关系／独立

389　从物质的欲求中体会简朴的乐趣，

从精神的追求中发现摆脱概念约束后的自由，

这一切，都需要一个健康的身体

和求真的头脑的完美配合。

就像没有疯狂追求过爱情就不能发现孤独，

没有极致爱好到了"玩物丧志"的程度

人就不能得悟一样。

经历，不同于自己

和独立于他人的人生经历才是成长。

只用头脑不用心的聪明会娱人，也会误己。

挑战自我和摆脱"约定俗成"是世上最难之事。

非真的勇士不能为也。

于静默处得见大世界

人不"自大"没有机会超越平庸，发展自己；

人若一直"自大"说明他还没有长大。

真正的成熟是通过与人事联结，

人能够在命运中认清自我，

认清"我是小的，它是大的；

我是局部，也是全部"的时候，

自大会转化成"自在"。

"自大"会向两个方向发展：

一个是狂妄，认为自己就是世界的主宰，

没有人和事不在掌控之中，

成为"上帝想叫谁灭亡，必先使之疯狂"的样板；

一个是足够大时，

终于有机会、有悟性看到自己在存在中的位置，

学会自由地生活，用接纳一切

"无所住而生于心"的状态活出"自在"。

感恩生命中的一切发生，如此美妙。

III

穿越孤独，无所不容

关系／独立

391 只有通过专一进取的热诚投入，

才有机会品尝生活丰富的滋味；

只有完全通透地理解生命的意义，

才可以在每一个当下获得完满的体验。

一旦挣脱自我的恐惧与焦虑，

内在的能量就会获得与源头接壤的机会，

一切都会完全不同。

那个无我的时刻，是通过对自我的了悟达成。

行动而非幻想令生活拥有质感，

体验而非评判令人生丰富。

只有活出自己才可以超越自我的局限。

于静默处得见大世界

392   没有什么是值得记忆和抓住不放的，

不论好坏。

沉浸在悲痛中与陶醉在幸福里

实际上都是脱离实际的假象。

活在当下意味着"空"。

只有你成为"空"的容器，

喜乐满足才能流溢。

你品味和说出时，它已离你远去。

Ⅲ

·

穿越孤独，无所不容

关系／独立

393 由自力看发心，由立志看更生，自立可成。

自立者，身由心主，圆融无碍。

无论国家、组织还是个人，

不自立则无以立，不进步则无以久。

独立自主、自立更生

才是应该牢记不忘的人生大道。

于静默处得见大世界

394 自由不是我行我素而是随心所欲：

我行我素的外在表现需要任性的犟劲，

随心所欲的内在从容需要坚韧不拔的定力。

在制约中活出特立独行叫"不一般"，

在随波逐流的惯性中保持定力是大英雄。

人生从觉察开始，到觉醒解放；

在关系中自由，在行动中悟道。

Ⅲ

·

穿越孤独，无所不容

关系／独立

395 知足能摆脱贪欲带来的烦恼，

独立能摆脱依赖带来的痛苦，

宽容能摆脱执着带来的无明，

自由能摆脱惯性带来的制约。

只有灵魂呼吸，身心健康才得圆满。

而所有不满不过是圆满修行的必要条件而已。

于静默处得见大世界

396 占有不过是不安全的反应，

抓住不放不过映射了内在的恐惧。

如果你能够让自己免除内心的恐惧，

那些对金钱、豪宅、珠宝、豪车、烟酒与性等等

任何东西的依赖都会变成享受。

享受会带来自由而不是挥霍，

挥霍是另一种不自信。

Ⅲ

·

穿越孤独，无所不容

关系／独立

397　外面的世界一直按照它自己的规律

　　　　运动着、呼吸着，没有人可以左右！

　　　　人要先有"自行其是"的定力与坚持，

　　　　才可以看见"各行其是"的现实。

于静默处得见大世界

398　从头脑的分别中离开就能享有当下，

从知识或财富的幻觉中清醒就能发现真实，

从失去的痛苦中看清依赖就能独立，

从自我的评判中放下就能轻松。

自我执取是一切苦难的根本。

Ⅲ

·

穿越孤独，无所不容

关系／独立

399 人生最稀少的品质是拒绝与他人一致。

无数人争先恐后互相模仿以获得某种一致性，

也许是为了摆脱孤单或证明自己，

结果却彻底失去了与自己相处的能力。

世界因为差异而美丽，人因为个性而独立。

保持个人风格或我行我素才是一切成功的前提。

于静默处得见大世界

400   不要从众，活出自己的独特性才符合道。

听从内心的呼唤，成为你乐于做的人，

做你开心做的事。

世界因每一个生命外表各异而美丽，

社会因每一个人各自心满意足而和平。

III

·

穿越孤独，无所不容

关系／独立

401 一个没有自我的人无法体会爱的自由！

除非一切由心出发，自愿乐意去做，

否则"我为你……"的出发点

只会带来抱怨和投射。

带着抱怨，我们所做的一切已经变质。

那个承受的人将会逃离一个怨恨的源头。

不论他做了什么。

不要为任何理由放弃自我选择，

我们做的一切都是先为自己而做，

为独立而做，为享受生活而乐于去做。

对自己负责的人才能愉快行动而不是苦恼不已。

我们是快乐本身时，即是幸福的源头。

于静默处得见大世界

任何不平和气愤都可以向外找到合理的借口，

但也会因此失去向内看的机会。

明智是自己做自己心情的主人，

在任何人和事面前拿回决定权。

我的心情我做主，我的责任我承担。

人就会随时开心了。

Ⅲ

·

穿越孤独，无所不容

关系／独立

403 留意你的生活，

那超出描述的每一个片刻都是足够生动的；

留心你的生命，

每一个在其中出现的人都意味着某种教导，

没有无缘无故的角色。

关键是关系中的我们是浑浑噩噩还是警觉清明。

如果我们能随时保持对于自己生命的全部知觉，

就可以享受世界的无限和它那巨大而微妙的美了。

于静默处得见大世界

404　凡是用抱怨和所谓事实评断父母

和上级的人注定还是个弱者。

因为你无法透过你对行动的逃避来看透

你不能知晓的境界；

凡是用上级或父母的宽容而生存

还一味指责他们不负责任的人，

其实质是无力为自己的行为负责。

独立首先意味着经济上的自主和行为上的自控。

最不负责的上级和家长就是只包养少严教！

无论什么"二代"，祈祷自立比被包养幸运，

能独立生存比替你生活幸福。

行动的人生才实实在在，

头脑中的幻觉徒然消耗生命。

Ⅲ

·

穿越孤独，无所不容

关系／独立

405　没有人可以给我们安全，活着就是未知，

关键是你能否意识到这一点。

任何寻找安全的努力不过是死亡的重复。

迎接所有未知才能活出生命的精彩，

摆脱企图心进入每一段关系才能充分享受它。

投入而不依赖，尽在其中又在其外就是自由。

于静默处得见大世界

406 在任何遭遇来临的时候，

重要的不是替别人承担他的命运，

也不是让自己做别人的救世主。

你吸引来到的一切都只预示着一个可能：

令你看到真相的机会。

Ⅲ
·

穿越孤独，无所不容

关系／独立

407 不要依赖被认可，要自我精进。

敲门靠"证书"，常胜靠本事。

知识如果不能增加我们了解人生与社会的喜悦，

就一定会成为一种对于某种虚幻自我的执着；

也不需要一直展示你获得某种知识的证书，

因为你的表现早就证明了你的能力水平！

于静默处得见大世界

408   迷恋与匮乏相应，

执着与控制一体，

不舍与恐惧相连。

在一切关系中，

摆脱有色眼镜的认识局限才是享受关系的前提；

否则，都是自我投射的陷阱。

III

·

穿越孤独，无所不容

关系／独立

409 在不能为自己的行为负责的前提下，

那些"我属于你"与"我爱你"的表白后面，

是自我放弃者的依赖或有所图谋的包装。

只有明确知道自己是谁的人

才可能对自己的一切选择与行为负责！

为自己负责的人不属于任何人。

真正的人是独立的，

从而才可以相互分享彼此。

410 在所有关系中

唯有清醒的自觉能够令人享受喜悦！

没有企图才能心平气和，

没有恐惧才能自由自在。

Ⅲ

·

穿越孤独，无所不容

关系／独立

411 生命可以恣意生长，在共同的天空下，

每一个生命每一种生物

都因为不同而令世界增色

——像树就给绿草带来阴凉，

如草就享受大树的浓荫。

为什么人却总是妄想着人人一样

并为"别人不如自己所想"而痛苦万分呢?

不一样是正常的，一样是反常的;

活出自己的人就能看到不一样的美。

于静默处得见大世界

412 对于缺乏独立精神的人，

自由从来不是目的，锁链才是！

普通人总是在约束中才获得安全，

真的给他无限空间，

他反而失去了前进的方向。

唯有心智的独立才可以品尝自由的境界，

那是通过真正的自制获得的最高奖赏。

Ⅲ

·

穿越孤独，无所不容

关系 / 独立

413　只要能够在寂静中体会时间的消失，

你就能够遇见自己。

遇见自己的人已经开始走向完整，

而完整意味着抱怨的消逝。

既然世界的丰富就是对立在头脑中的统一，

为什么去为并不存在的对错而烦恼呢？

相反，应该为认识到差别而喜悦，

从而安享自己和世界融合的每一刻。

于静默处得见大世界

414　独立并不仅仅意味着经济的自主权，

　　　它更多地意味着能够在所有经历中

　　　保持觉察而非迷失或依赖。

　　　其实依赖钱或依赖物与依赖另一半

　　　没有什么不同；

　　　凡是依赖必然失去，

　　　唯有在两个独立的人之间才存在真正的平等。

　　　生命是一场由依赖走向独立，

　　　由独立发现互赖秘密的圆满之舞。

Ⅲ

·

穿越孤独，无所不容

关系／独立

415　长辈的担心就是晚辈的诅咒!

唯有肯定和祝福才是真正的加持力;

上级的包办和代替会浪费任何可能的人才,

而家长包办一切

无疑会毁了孩子独立成长的可能。

明了生命是独立的才有机会活出自己!

明白孩子或下属不是自己的附属品

才能尊重他们的选择!

给他们尝试一切的机会,

但要求他们对自己的选择和行为负责,

从长远来看才是最划算的。

毕竟人生不可重复,安全的人生可能乏味,

冒险的人生至少有故事。

去体验一切可能,专注于自己的心,

而非放弃一切渴望保持胡思乱想。

于静默处得见大世界

416 长大以后我们才发现：

有那么多机会，我们没有尽情地爱过，

因为恐惧；

有那么多痛苦，我们没有畅快地哭过，

因为压抑；

有那么多困难的时刻，我们不想让自己求援，

因为傲慢；

也有很多的成功，我们并不感到满足，

因为攀比。

困在"我"的牢狱里，挣扎叹息，

闭眼拒绝一切的人看不见自己。

其实，人一生中最最重要的、必须回答的问题

只有两个：什么是生？什么是死？

这两个问题不弄清楚，

活时受苦，死时遗憾。

Ⅲ
·
穿越孤独，无所不容
关系 / 独立

417　人生犹如一场旅行，

是走常规路线还是另辟蹊径，

全在于你自己是否有勇气走自己的路。

反对者多，同行者少，

没有定力和勇气走不出自己的路。

我们的现状都是自我选择的结果，

只不过大部分人在太多路口放弃了选择的权利，

随着人流涌入常规旅程。

超常规不是结果，

是一开始的选择决定了最后的结果。

于静默处得见大世界

418 很多成功是没有绿叶衬托的花朵，

只要季节到了，一样开得蓬勃大气！

很多痛苦与欢乐都是无法与人共享的个人珍宝，

你又去何处寻找另一个自己呢？

懂得享受孤独的人才有机会认识生命，

才有机会认识到

——无数的孤独乃是一个有序的存在，

才是生命安详的底色。

Ⅲ

•

穿越孤独，无所不容

关系／独立

419 与其向外寻找温暖，不如自己点亮生命；

与其挑剔对方让自己生气，

不如接受对方享受安宁。

爱意味着接受不一样的对方，

而不是让对方满足自己的想象。

于静默处得见大世界

420 　就如没有人能给空气化装，爱也不能被表演。

　　每一段相思都包含着脆弱的痛苦，

　　每一段深爱都呈现忘我的天真，

　　而依赖的关系从来都是不平等的算计。

　　真正的爱是从独立心智中散发出来的无求喜悦，

　　无须言表就像空气。

　　关于爱的任何商业表演都只说明了

　　它难以捉摸的透明特质，

　　关于爱引发的所有痛苦折磨

　　不过是自我超越的机会。

Ⅲ
·

穿越孤独，无所不容
关系／独立

421　如果仔细看那些痛苦的关系，

到处都是控制与被控制的纠结。

打着爱的名义的亲密关系最易令人窒息。

紧张的关系里如果不逃避

就可以看到双方业力的影子。

给对方空间喘息，

给自己时间做好自己！

于静默处得见大世界

422 爱并不是带着关心的控制，

也不是带着胁迫的暴力，

更不是互伤的纠缠；

爱是令你放下防范的开花，

是困乏时令你心安的睡眠，

是允许你展露坚强后的脆弱。

任何时候，爱都在你身边！

那令你成为你的一切发生，

都是大爱的工笔勾勒。

III
·

穿越孤独，无所不容

关系／独立

423 任何母亲对于孩子的爱都是不容置疑的，

只是妈妈这个角色没有彩排就正式参演。

没有长大的成人和正在长大的孩子之间永远上演

互相试探、挑战、需要、控制、逃避的冲突，

要在来得及的时候觉察。

孩子是生命最珍贵的礼物，

帮助我们在不可割舍的时候放下，

在忘却自由的时候提醒，

在试图控制的时候尊重，

在互赖中允许各自独立。

于静默处得见大世界

424　在关系中自由，得去除一切怀疑；

能看到怀疑后面的恐惧，

才可以用包容来原谅冒犯。

而真正的接受是：

即使看到没有安全感的人生活在爱中却不自知，

也能给予和气而不抱怨，

给予信任而不挑剔，

对一切发生全然接受。

唯有大爱，才可以超越纠结。

一切关系都是修行，不受制于关系就是自由。

Ⅲ

·

穿越孤独，无所不容

关系 / 独立

425 独立的人才可能遇见爱，其他都是纠缠。

假如人没有为自己活过，

总是把身外之物当拐杖，

人就失去了独立的能力。

独立是爱的基础。

为了面子受累，是因为自己的自信不足；

为了爱而痛苦，是因为还没有遇见自己！

于静默处得见大世界

426　在女儿用她的爱唤醒勇往直前、工作第一，

心无旁骛的"我"之前，

我尽管已经身为人母，

除了经济保障却从未真正懂得爱。

做父母我们是个实习生。

感谢孩子用爱让我学习如何做一个母亲。

母亲不是天生伟大的，

自以为是的无私也许是孩子并不需要的付出；

比起物质，指引并允许孩子做他自己

才是一门需要终身学习的功课！

Ⅲ
.

穿越孤独，无所不容
关系 / 独立

427 把自己托付给别人是一场赌博，

令自己独立承担此生才拥有机会；

谁不曾经历依赖的失落，

谁就无法真正从幻想中醒来；

谁曾经经历深刻的痛苦而获得了对于独立的感悟，

谁就可以开始爱的旅程。

爱是自足后满溢的给予，不需要计算和回报。

自立后利他。

于静默处得见大世界

428 世界上没有两片一模一样的叶子，

当然也没有一模一样的人。

如果把这个差异当成常识，

我们就不会去指责他人

"为什么'不'与'我'一样了"；

而接受别人的不同是生活快乐、心智成熟的前提。

否则，"为什么"的抱怨就会成为谋杀成长的毒素。

Ⅲ

·

穿越孤独，无所不容

关系／独立

429　绝大部分时候，

人类的爱包含了太多的要求和条件

——"我爱他，可是……"

后面附加的条件和要求

令人陷于烦恼的沼泽或痛苦的深渊。

无条件的爱并不意味着

物质的极大给予、欲望的无限纵容，

甚或形式上对消费流行的刻意模仿。

无条件 = 接受。

接受对方的人和他的一切，

没有投射，人不自寻烦恼，

也足以让对方自在。

于静默处得见大世界

其实，更多的时候，

我们自认为的"真心爱别人"

是要求别人的回报或反应如自己所愿，

不如愿所以才带来深深的伤害。

保护自己需要一个边界，

只有懂得爱自己的人才不会用牺牲自己

换取别人的认可或关系的捆绑。

所谓"业力"，

不过是身不由己的爱与恨的纠缠。

自由才是爱的前提，独立才是相爱的条件，

付出而无求才是真爱。

Ⅲ
·
穿越孤独，无所不容
关系／独立

431 男人与女人之间最重要的是尊重，

唯有建立在独立基础上的尊重

才可能建设一种健康放心的关系。

外界的一切关系都是我们内心的投射。

担心的女人打造心神不宁的男人，

恐惧的女人会让男人逃离，

控制的女人会让男人放纵，

完美的人会制造出轨的伴侣，

爱自己的人经常单身。

相信人不依赖人才可以获得幸福。

于静默处得见大世界

432　爱不需要那么多形式主义的包装

或精神主义的清高，

不期待任何人符合我们的预期，

包括父母、伴侣、儿女、下属或朋友，

接纳一切人做他自己，这就是爱的原生态。

我们只负责做自己意志与行为的主人，

而非在不能改变的事实上纠缠讲理，

在自己不能做主的关系里撕扯抱怨。

"做自己"意味着可以使用决策权！

在一切选择面前决定取舍去留，

而大部分人都在此跌了跟头。

人无定力或主见时，往往遇事不能决策，

行事不能负责。

可见，不是形势害死人，

而是不能自己做主才害人不浅。

Ⅲ
·
穿越孤独，无所不容
关系／独立

关 系

连接

433 用忙碌抵御寂寞的人

没有时间正视自己的心灵，

用迎合奉承别人的人

一直在表演脆弱的无助，

用犹豫来煎熬自己的人

只是在重复自己的混乱

——在欲望的大海上，

被业风吹动的人们身不由己。

返回自己最深的所在，

那里的宁静是活跃的感知，

那里的无界与一切相连。

当你"无"时，你是"大"；

当你"有"时，你是"小"。

Ⅲ
·

穿越孤独，无所不容

关系／连接

434　重要的不是痛苦，而是与自己的不甘和解；

只有原谅自己与他人对自己的伤害，

才是生命从痛苦中走出来的捷径。

和解带来原谅，有能量原谅就有机会绽放；

否则，你就会一直被黑暗和枯萎控制。

痛苦在别人眼里是幸灾乐祸和故事，

在你自己则是炼狱。

于静默处得见大世界

435 不曾尝过孤独滋味的人生命会缺乏厚度，

不曾和他人建立亲密关系的人无法找到自己！

不能从亲密关系里享受自由的人会永远受苦。

人必须通过接纳一切自己曾不屑的甚或反对的

才获得完整！

Ⅲ

·

穿越孤独，无所不容

关系／连接

436　存在是如此雍容大度。

心想事成印证了我们可以"无求自得的真相"。

大部分人都是在失去自我的欲求中随波而去，

而非安住于接受的容器中。生命是一个礼物，

接受令一切成为可能，

而恰恰是超越是非的接受变得最难。

存在与需要对应，财富与需要对应。

我们说出的即是所要的！

金钱与物质是需要，拒绝与否定也是需要。

人最困难的是无法清晰列出自己的需要，

接受事实，接受一切已经发生的事实，

事实没有对错。

这令我们可以避免头脑的分别，

只明确自己的需求。

于静默处得见大世界

437   生活和工作是一回事，

不要把它们从心态上分开；

不要过分努力只需全神贯注；

结果只与你身心投入的程度有关，

与口号和想象无关。

Ⅲ
·
穿越孤独，无所不容
关系／连接

438 一个从不关注外界的人可能终因自闭

而失去与人群建立联系的能力，

在内心阴冷的世界里辗转反侧；

一个过分关注他人想法的人

最终可能失去了解自己的机会。

人被上天安排的结果是不能单独生存，

婴儿一定要借助父母才能长大，

大了一定要通过痛苦发现爱，

工作了要通过不放弃发现价值，

结婚了要通过互相折磨才联系紧密。

命运安排我们无论从哪里出发，

觉悟就是走向自己的反面。

所谓"革命"指的是对于自己习惯的颠覆。

于静默处得见大世界

439　人生本质尽在问答之间。

如果你不会对自己提问，

很可能由于"本末倒置"

出现"舍本求末"的行为。

如果你不曾对世界发问，

极有可能由于"孤陋寡闻"

而"固执己见"地"墨守成规"，

一生精彩被错过。

Ⅲ
·

穿越孤独，无所不容
关系／连接

440　生活的深度由关系构成，

我们与物质的关系不过是基础，

我们与他人的关系只是表象。

所有关系到了最后，

都是我们与深层自我的本质投射。

于静默处得见大世界

441 关系就是心的发现之旅。

亲密关系中的委屈和不满

不过是真实需求被忽略的反应。

人们总是不自觉地用自己的需求标准衡量对方，

凡是不符合自己标准的都视之为恶习或错误。

其实，这仅仅是对于我们

专断个性多么狭隘的提示而已。

能够认识到允许别人做他们自己的巨大意义，

我们就已经开始打开自己的封闭世界了。

Ⅲ

·

穿越孤独，无所不容

关系／连接

442 关系才是世界的本质。

我们和物质的关系是步入社会的基础，

在劳动中挥汗如雨最快乐；

我们与他人的关系是进入生活社区的入口，

没有对关系的觉察，

就永远在自我的监狱里打转；

我们与自己的关系是繁华后面的真相，

与自己的心面对面才能窥见生命的堂奥。

于静默处得见大世界

443　我们得以在亲密关系中

感到愤怒、委屈、痛苦甚至仇恨，

那是因为对方的允许和接纳，

才令我们内在的黑暗压力得以释放。

不要在一轮又一轮的释放中被羞愧打压，

被愤怒转移，要学会在情绪的顶点内观自心，

哪怕只有一次你的怒火从对象身上移开，

从求救中挣脱，

你就有机会得到真相从而摆脱情绪的控制。

Ⅲ

·

穿越孤独，无所不容

关系／连接

444 在关系中，不要太过紧密。

唯有空才有容的空间，

唯有远才有近的可贵，

唯有求而不得才有追求的动力，

唯有彻底的沉默才能带来了悟的观照。

于静默处得见大世界

445　令我们不适的原因不在外面而在于里面。

当内在不稳定时，

外面的一切都是导火索！

当内在宁静时，

外面的一切变化都是活力的示现！

看见内外时才有机会无有分别。

凡有所执，尽皆虚妄！

Ⅲ
·
穿越孤独，无所不容
关系／连接

446　我们非得经过岁月的洗礼

才能认清内容与形式的不可分割。

所有神圣的意义都需要郑重的形式来体现。

于静默处得见大世界

447 对于很多人来说，拒绝比接受更容易，

一切超出预期的都面临着被拒绝！

当说"不"成为习惯时，

生命已经关闭了所有可能；

敞开意味着对一切发生说"yes"！

能够接受的生命才会享受它，

能够满足的人才可能心甘情愿地付出。

有希求则预示着控制，

要回报则会纠缠不清。

Ⅲ

·

穿越孤独，无所不容

关系／连接

448　能够有一颗探索未知的冒险之心，

人生就有机会开启不一样的旅程。

自由，是多么珍贵，

人要突破关系的纠缠和自我的胆怯，

才可以突破千难万险活出自己。

没有放手的父母，

自由会消灭在襁褓之中；

没有无情的家人，

一个人没有机会走出纠缠的世界；

没有残酷的命运，

一个人没有机会挑起生活的重担。

生命中的一切功课都是为了活出最终的自己，

而自由总是来自感恩。

于静默处得见大世界

449 人只有脱去头衔或行业的外衣，

单纯面对现实，才有机会认清自己；

我们都是依仗他人的工作成果

才享受生存的乐趣！

问问自己能够为社会做些什么？

不成为一个消耗的人

而成为一个利于他人的人

才是真正环保的人生。

Ⅲ

·

穿越孤独，无所不容

关系／连接

450　当我们懂得金钱是需求的交换媒介，

我们的一生将用全心全意

服务客户来赚得梦想的一切。

不要没有学会爱自己就无条件奉献自己，

牺牲永远不是人生的目的，幸福才是；

要懂得自爱才能爱人，消费就是慈善。

学会花钱才能赚钱。

451　所有关系的沟通都是能量交换的过程。

想创造一个好的企业文化氛围，

就要打造一个开放式能量场。

允许发表不同的见解，接纳不同于我们的人，

才能发现不同个性带来的不同益处。

而不是要求别人和我们一样思维。

遇到不同原则的分歧，

也要使用最佳方法而不是习惯方式。

对员工要顺势利导。

先肯定，是顺势，

再建议，是导引，

导引到方向与方法比纠结于对错

更能让所有员工能量聚集发挥。

而不是否定员工、压抑能量。

Ⅲ
·

穿越孤独，无所不容
关系／连接

452　在组织中，

没有管理者和制度，不存在管理的基础；

没有对象和目的，不存在管理的行为；

没有目标和方法，就失去了管理的价值。

于静默处得见大世界

453 唯有投入才能忘我，

唯有忘我才能"有"我。

当你通过竭尽全力地投入本职工作打开自己，

在一次又一次的忘我中达到极致，

就有机会在巅峰与更高的能量相连接。

"有"的奇迹就在那个"空"的时刻发生。

III
·

穿越孤独，无所不容
关系／连接

454 避免为管理而管理。

没有共同的目标，

就不存在对组织的领导；

没有对指标的要求，

就不存在管理的交流；

没有互相探讨行为的重点，

就不存在上级的价值；

没有穷尽问题的方法教练，

就不能获得最好的解决方案。

管理的过程是指有目的有对象用方法达成目标，

甚至超越目标的人心互动。

于静默处得见大世界

455 如果不能解决工作的困扰转而用修行做借口，

就是对于人生的逃避；

如果不能面对亲密关系的压力而用情绪对抗，

就无法找到觉悟的契机。

工作即道，关系有禅。

Ⅲ
·

穿越孤独，无所不容
关系／连接

456 在一切渠道都被互联网的无边界所取代的时代，

谁拥有真正的消费者，谁就有机会活得好。

信息革命才是真正的颠覆：

免费后面的"客户至上"真正反映了

未来世界人与人关系的本质

——各展所长，自由选择。

任何缺乏基本功和核心服务的个人或组织

都面临危险，与大小无关。

于静默处得见大世界

457 销售作为生存的基本技能，每个人都应该领会：

没有对象无法实现价值。

管理作为发展基础，每个人都需要经历；

没有目的的乱做从来不能步调一致。

经营作为成长的必要之路必须有明确的原则指导，

没有精神追求就无法保持旺盛的活力。

企业与人生一样，要按照规律成长。

Ⅲ

·

穿越孤独，无所不容

关系／连接

458 互联网不过是解放人类生产力的又一次革命而已。

明白了人将从信息的有限制约中解放，

就会明白权威将会被消解的真相。

除了人自身的价值，其余外在的一切都不长久。

从自我陶醉到自我粉碎乃至自我重生，

是每个人适应时代的必由之路。

越早认识到经验无用的人越早开始了突破：

从你服务的对象角度考虑问题是价值实现的捷径。

不分企业大小，也无论何种行业，

找准你的对象才是关键！

于静默处得见大世界

459 只有我们享受自己所做的，

不再求大、求快、求扩散的时候，

才有机会专注于每个当下的动作，

并在这忘我的过程里体会奇迹。

小而美比大而散更真实，更生动，更自如。

无论个人还是组织，无论行业大还是小，

产品有结构则有活力，服务有对象则能长久。

Ⅲ
·
穿越孤独，无所不容
关系／连接

460 个体不能够取代整体，整体却可以涵盖个体。

经验属于个体的范畴，

执着于经验就没有机会突破局限。

整体属于认知的范畴，

不提升认知水平，人无法超越自己。

超验的境界永远与心灵相关，

那是头脑的知识无法体会的境界。

于静默处得见大世界

461   得与失、舍与得、是与非、对与错，

都在我与他的世界里呈现。

这种二元对立的挣扎就是生命最常见的面孔。

接受不可能的挑战，

面对最强烈的情绪保持镇定，

在最深的痛苦里觉悟，

在最纠结的关系里顿悟；

没有对错，没有得失，

没有人我的区分，

只有通过身心灵三位一体的内在领悟实现。

III

·

穿越孤独，无所不容

关系／连接

462 伟大的人都是雌雄同体的。

男人身上能显示温柔和坚强兼具的两种特质，

和女人能把柔韧与刚毅混合一样，

都是成功者的必备条件。

越像社会上形容的"男人"或"女人"

越容易失败。

没有成就的人往往通过臆想

描画他们眼中看到的成功者；

而所有成功者都有一个特质：

不臆想别人只听命于自己。

于静默处得见大世界

463 人生是一种过程：

从温饱向富足迈进，

从幼稚走向成熟的理解，

从具体到抽象的思考，

从感性到理性的分析，

从分辨到接纳的觉悟，

从自我到他人的认知。

凡是自满，都等于自尽；

凡是止步，都无异于死亡；

凡是固执，都在壳中。

III
·

穿越孤独，无所不容

关系／连接

464 比起二十岁的青涩、

三十岁的简单、

四十岁的执着，

我更乐于享受五十岁的自如。

此时，人生正渐渐打开它宏伟富丽的宝藏，

内心的丰裕令生活无比柔软和谐。

没有什么时候生活比现在更好，

也没有什么时候人生比现在更美。

感恩！

于静默处得见大世界

465 如果你能足够深地进入心灵隐秘的世界，

你就有机会向外开出璀璨的花朵。

所有生命的能量都来自内部的觉醒；

然后，你才有机会通过对象看见自己，

通过付出成为自己，

通过忍耐成就自己！

III

·

穿越孤独，无所不容

关系／连接

466　生命不是被他人安排的一眼便望见一生的稳妥，

而是走向未知的自我实现。

倾听你内心的声音，

径直去做而不是谈东谈西。

在小事上精益求精才可在大事上有所作为；

小事上能证明你确实有心，

大事上才能证明心有多大。

这是一切生存的基本功。

能够走向冒险的人

是能够对自己的心负责的人

而不是听"别人"说的人。

于静默处得见大世界

467 我们不以为意的东西也许是他人的梦想，

别人忽略的也许是我们的渴望；

每个生命都有自己的功课，

唯有面对自己拒绝的和用各种理由逃避的关系，

才能面对生命的真相。

它是一个人从出生到死亡的道路，

不管亲疏，我们和旅伴先后都要下车，

好好珍惜途中的陪伴，离开作茧自缚，

千万别忘记助人并享受那美好的笑容，

也要一直记得欣赏窗外的风景。

III
•
穿越孤独，无所不容

关系／连接

468 所有灵魂的相遇都不是努力的结果，

正如所有的分离必有缘由！

意识到万物生灭的形式与能量守恒的真相，

人生才可能活出自在自如！

那中间必须经历的执着探寻却需要最大的自律！

我们如果能认识到我们反对的即是自己捍卫的，

存在以阴阳一体显现，

每一天就不会愤世嫉俗了！

于静默处得见大世界

469 亲密关系的意义在于你身在其中无法割舍。

凡能舍弃的，价值都远未显现。

只有在亲人身上，才反映着自我的真相：

我们是否真的能容不同之人，能忍不可忍之事?

亲人只是我们的镜子而已，

磕头断开母亲养育之恩的邪人，世所罕见：

母亲穷困痛苦，

上天才让你富裕而能用感恩施行救助，

怎么自私到认为人可以无父无母?

亲人是上天给予我们修行的最好礼物。

接受了，感恩了，就有看破和解脱；

否则，一味空坐烧香拜佛不过愈增执着而已。

关系即修行，情境即道场；

接受乃大智，放下乃大悟。

Ⅲ
·

穿越孤独，无所不容

关系／连接

470 走遍千山万水的寻找

不过是为了遇见最初的自己，

阅尽人间百态的磨砺

不过是为了拂去心灵的尘埃，

穿越刻骨铭心的爱恋

不过是为了看清涵容万有的心境。

在我遇见自己的那一刻，

我便消融于寰宇。

从此，一切皆在爱中，

当下即是永恒。

于静默处得见大世界

471 爱情的最高意义是令你发现自我。

没有深爱过的人，

就没有机会看到内心的火焰；

未被烈焰灼伤的逃避，

只是怕自我没面子的自我保护；

烈火未被点燃的关系，

只是认知的投射少有心灵的参与；

全力投入到那燃烧的火焰里，

自我的残渣会消融，

全新的自我会浴火重生。

在忘我的爱产生的顿悟里，

那个爱的对象成为成就你的人，

而非仅仅引发爱而不得的痛苦。

深爱即救赎，灵魂之爱就是涅槃之路。

III
•
穿越孤独，无所不容
关系／连接

472 当我们内心满怀美时，爱会自然流露。

其中没有条件、要求和评判。

全然的爱才是交流和"在"，

任何孩子都天然地洞晓爱的秘密语言。

只有被社会格式化的成年人才会听不到，看不见。

任何打着爱的名义进行的掌控和不安全的投射，

都只会令自己深陷焦灼和痛苦。

我深信，有问题的孩子是父母问题的显示，

他们本身不是问题。

学习全然的爱，

接纳这个鸟语花香的世界，

我们就在美中了。

于静默处得见大世界

473 人若不能够从自省中学习，

所谓的"成功"就会麻痹爱的神经。

只有那个爱你的人才会发现你的自保机制，

因为只有爱能令人的注意力达到穿透的程度。

大部分失败的爱是两个自保的人互相躲避；

而真正的幸运，是两个人通过爱带来的痛苦

和自我挣扎所进行的自我正视，

然后，通过关系的建设开始精神的疗愈。

大部分痛苦都与童年的创伤有关，

它们带来了一系列重复的模式。

没有心灵参与的关系连接，

人的一生都将死于封闭和禁锢的自保中；

唯有爱才是真正的救赎，

那是忘掉自保找到安全完整自我的开始，

也是能量启动的时刻。

Ⅲ
·

穿越孤独，无所不容

关系／连接

474　这个世界不缺乏爱，这个社会却恐惧爱。

与爱有关的字都恐惧的人，

其可怜之处是用概念代替生活，

可悲之处是被"恐惧"束缚。

爱的神异之处在于它属于一种超乎常态的包容，

是无求无染的接纳感和自在状态，

与不安全产生的依赖、控制产生的抵抗、

自卑产生的炫耀没什么关系。

只是因为人不太可能意识并接受常规以外的情形，

所以，爱的赝品随处可见。

于静默处得见大世界

475 　每一个时空的相遇，都是爱的排列。

孤独是走向内在的道路，

热闹是填满寂寞的入口。

空则响，满则溢；

有则无声，爱则无语。

Ⅲ

·

穿越孤独，无所不容

关系／连接

476 给点空间给别人，给点自由给亲人，

允许别人活出自己。

爱有时适得其反，

警惕打着爱的名义进行的身心控制。

太多经济上和社会上的功成名就者

成了家人的实际意见领袖，

包括父母的接纳和高看一眼，会令其他兄弟姐妹

产生被忽略的不被认同的心理。

不应该以唯一的社会标准衡量所有人。

最少的收入和不结婚不算什么，

他／她可以有自己的自由。

为了我们的标准和关心，对任何人的过多干涉

都会带来精神上的巨大压力，

当然也会带来反抗。

各种不懂感恩不过是表达自己要平等人格

和亲人尊重的诉求而已。

于静默处得见大世界

477 爱情上的征服以完全的忘我

与强烈的表现为特征，会无往而不胜；

婚姻上的结合以无我有他的洞察为基础，

会创造真正的互恋。

能够让他做他自己才会给你在他生命中的位置。

前提是你知道自己是谁。

爱情是一场更加精彩的修行。

III
·

穿越孤独，无所不容
关系／连接

478　世界永远是平衡的过程。

有多少欢乐就有过多深的痛苦；

有多大的成功就有多少不为人知的付出。

婚姻关系也如此。

因为收入或所谓社会地位高于男人的女人，

若内心把另一半当成弱者，

那个人就会因为被忽略而离开或出轨；

你的成功不是忽略他的理由。

相反，让男人负起他的责任才是正途；

否则，只能修行自己无条件爱他，

才是和谐的内在根源。

对于男人，也同理。

于静默处得见大世界

479 爱是允许而不是要求，

爱是独立而非依赖，

爱是接纳而非控制，

爱是尊重而非强迫。

关于打着爱情的幌子所做的任何交易与牺牲，

都缘于不甘心的待价而沽，

而不是独立自信的享受！

Ⅲ

·

穿越孤独，无所不容

关系／连接

480 生活中，你身边的那个人也许是寡言的，

对于节日的淡漠令你很少收到礼物；

不要紧，假如他依然无怨无悔地

为你承担一切烦琐的小事，那就是日子。

据说，女性的能量是男人的十六倍。

所以好女人的包容是以不伤害自己为前提，

更不会活在情绪的怨怼里；

好女人反而会因为真正女性的特质

与要求激发出身边男人身上最大的潜能！

唯有自修，才得平安。

节日快乐是给遗忘自己的人之提示，

懂得自己和自己性别特质的人永远快乐。

于静默处得见大世界

481 允许多样性才是爱的萌芽。

当我们喜欢花朵就去浇灌，

但绝不按照我们的喜好将白色花朵染成红色；

当我们热爱孩子，

就去拥抱他、鼓励他，保护他蹒跚学步，

但不是用我们的速度要求他奔跑。

在一个充满了强迫之"爱"的世界上，

脆弱的生命都将变得身穿盔甲才能生存，

那是谁之过呢？

Ⅲ
·

穿越孤独，无所不容
关系／连接

482　太多时候，

"爱"是一种缺乏更高体认的认知强迫，

因为爱着所以把自己的喜好全部投射给对方；

那个接受的人在无法拒绝的盛情下不免心生烦恼，

逃跑或躲开也说不定。

物理上的距离感并不能限制精神上的亲密；

反之，物理空间的紧密并不一定带来心灵的融合；

且后一种更为常见。

所以，修行在关系中的觉察十分重要。

只有超越习气和分别心才可能接受爱，

也才能给予爱。

于静默处得见大世界

483　重要的不是说什么而是对谁说，

关注对象才能找到自我。

通往外在世界的唯一道路是关系，

父母、同学、同事，朋友、恋人、师生、商业伙

伴……

每一段关系都蕴藏着生命秘密的礼物。

凡是躲避的必然到来，

凡是紧抓的必然失去，

凡是抱怨的必要承受。

在关系中觉悟比在想象中圆满更实际，

至少你不会错过人生。

Ⅲ

·

穿越孤独，无所不容

关系／连接

484 除非你能与身边的所有关系达成和解，

否则，知识与觉悟的想象

只会喂养出遗世独立的"自我"，

不会令生命更真实更鲜活。

离开关系带来的痛苦、嫉妒、焦躁，

依赖幸福、满足、想象的土壤，

生命就是一株概念构成的盆景。

真正关系当中的接纳才是活在当下的意义。

爱上每一个人

是因为看到了有无数不同个体构成的完整世界。

于静默处得见大世界

485　　如果经历一切平淡，

　　　　你依然能看见清晨的露珠双眼闪亮；

　　　　如果忙成不分日夜，

　　　　你依然能为自己睡前点燃香熏；

　　　　如果外面人潮汹涌，

　　　　你依然可以看到眼前的玫瑰，

　　　　对一切保持觉知……

　　　　生命的感觉就是爱情永恒的温度，

　　　　它并不靠别人给予而从敏感的内心流淌。

　　　　情人节来了，

　　　　我爱着这个非凡的世界，

　　　　像一个伟大的情人。

III

.

穿越孤独，无所不容

关系／连接

486　太多人千方百计乞求爱，

内心又不相信自己值得爱，

于是一生都在自我怀疑中虚度，

或者只用一颗算计的头脑自我折磨。

其实，被人爱远不及去爱人，

一旦你全心爱上你面前的一切，

你就可以被整个世界所爱。

于静默处得见大世界

487 爱情的秘密在于首先学习爱上自己，

完整地、全然地接受自己本来的样子；

不要去为任何人改变，

只为自己的心而呼吸，

我们就会获得真正的源源不绝的活力。

这活力令你能够充分享受自己的生命，

不管有没有倾心相爱的另一半，

都不能够阻碍影响你的生命质量。

爱的伴侣会丰富你的感受，

但没有他，也不会令你的体验枯竭。

Ⅲ
·

穿越孤独，无所不容

关系／连接

488 对象才是自我定位的前提条件。

我们的所有身份和存在都取决于和对象的关系。

没有父母就没有儿女，

没有丈夫就不存在妻子，

没有国家就不存在国民。

唯有看见和接纳对象，

我们才可以实现自我的价值。

致敬我生命中的所有存在。

于静默处得见大世界

489 人生最大的挑战来自人际关系的磨炼，

关系界定我们自身的存在。

与父母、伴侣、孩子、员工、合作伙伴、股东的关系，

就是自我此生的功课。

你的角色越多，要求你奉献的越多，

做不到无私，牵扯的业力就越大。

太多人忽略真实的爱之关系连接，

径直去用金钱证明自我，

并用金钱获取别人的面子、关注、听话，

其本质不过是满足自我，与爱无关。

爱是允许他人做自己的智慧！

完全的允许是经由自我洞察才获得的真知灼见，

而不是取悦他人牺牲自己的逃避，

是见怪不怪的从容而非义愤填膺的牺牲。

III

·

穿越孤独，无所不容

关系／连接

490　太多时候，爱到紧缩和痛苦，

爱到抱怨和愤怒，

爱到不舍和自残。

这已经不是爱了，

不过是自我执着的另一种说法而已。

不执着的心是宽和自在的，

既不爱，也不恨，

在一切关系里活出自己本来的天真就好。

于静默处得见大世界

491　爱是一种奇怪的物质！

"我"即是最强的阻抗剂。

以我为中心的人不可能享受爱情。

"我"是头脑的虚伪幻觉，

爱是流动的心能之光！

通过对象我们建立真实的生命连接，

所以，爱并不是令我们满意

而是我们能够看见对象，

能设身处地体会他人带给我们心灵的感受。

接收到这种爱的频率的人会被轻松温暖吸引。

相爱不是自我折磨或互相折磨，

而是双方感到轻松的能量交互！

以我为中心碾轧一切的人

无法体会到这种"唯他命"的神奇。

想要爱的人必须先学会温柔地对待自己，

由己及人才是道途。

Ⅲ
·

穿越孤独，无所不容

关系／连接

492 当空间有了光，一切就不一样了；

当心里有了爱，世界就不一样了！

爱不是词语而是感受，

爱不是我而是他，

爱不是努力而是呼吸！

爱不是渴望而是成为。

虔信的人必无疑，

忠诚的人才踏实，

有爱的人才无求。

于静默处得见大世界

493　爱家是懂得真爱的前提，

爱国是体会大爱的必需。

真爱用悲悯之心摆脱自私的要求，无悔付出；

大爱用报国情怀舍身成仁，鞠躬尽瘁。

爱就是令"小我"融入"大我"的自觉。

爱是每个人可以主动选择成为什么样的人，

也允许任何人成为他自己。

Ⅲ
·
穿越孤独，无所不容
关系／连接

关 系

归位

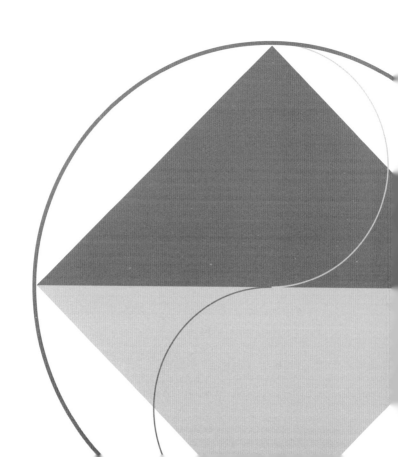

494 当你知道自己逃避的事

和厌恶的人就是自己的内在，

你才开始走向成熟；

否则，一切都不过是在投射中扭曲成自欺。

III

·

穿越孤独，无所不容

关系／归位

495 你见的事物越多，惊讶就越少，审美就越高；

原来美就是给人无限想象的媒介啊！

你经历的人与事越多，内心就越平静。

由一己出发的好恶评断抽离，

直接接受那不一样的选择和行为。

事实上，每一个选择

对于当事人来说都是正确的，

反映着他的判断水准。

没有必要为别人烦恼，

否则只能说明你缺乏正事；

没有必要为孩子担心，

他们有自己的世界。

自由的实质就是毫无挂碍地活在当下的能力，

仅此而已。

于静默处得见大世界

496 无聊缘于失去了生活的目标；

压力在于对自己要求太多；

嫉妒是因为缺乏爱而带来的深层自卑；

奋斗是因为出人头地的欲望；

为面子做违心之事，

只证明自己的弱小并不证明自己的重要；

凡是牺牲自己迎合别人的人，

都会在关键时刻看到被忽略的真相；

做自己才是最艰深的功课，

也是抵达本质的捷径。

Ⅲ
·
穿越孤独，无所不容

关系 / 归位

497 放下不是什么都不做的逃避，

而是选择做什么的自由；

放下不是指什么都不在乎的无知，

而是经历了就不再纠缠的放达；

放下不是指放弃责任的自我安慰，

而是指在关系中从容面对的自如。

于静默处得见大世界

498　知道自己是谁的人是安静的，

明白自己擅长什么的人是自信的。

只有能把自己的长处做到极致的人才是幸福的。

人重要的不是和别人比较，而是与自己较真。

III
·
穿越孤独，无所不容

关系／归位

499　一个人若不能忘掉过去，

则永远不能拥有爱的机会；

一个人若不能戒掉对未来的幻觉，

则永远不会遇见自己。

于静默处得见大世界

500　悠闲自在，

　　　指的是放松自己的心，

　　　而非任自己的身体沉溺在无所作为之中。

Ⅲ

·

穿越孤独，无所不容

关系／归位

501 不用自己的想法去揣度别人时，

就开始能量聚焦了；

能坦然接受所有发生不以为奇时，

能量就可以流动了；

能够从他人角度看问题时，

就开始脱离自以为是了！

能够让自己归位时，

就领受谦逊的美好了！

知道自由来自秩序时，

我们就能根据自己的位置承担属于自己的责任！

付出才连接价值，沟通才确认需求，

放下才身心无碍！

于静默处得见大世界

502　知道自己能做什么的人才能不急不躁，

安之若素；

就如唱歌的鸟儿，

只管清脆悦耳或短或长地享受清晨的微风。

人的疲劳紧张都缘于披着

"期望""努力"外衣的欲望，

欲求的人会把注意力放到对于结果的控制上，

却失去了对于过程的享受。

能够明确目标的人才能聚焦能量，

对每一个动作保持专注的人才能轻松成功！

成功是心力的外化，结果是能力的显示。

III

•

穿越孤独，无所不容

关系／归位

503 不要试图成为任何人，

更不要羡慕任何人。

每个人的道路都是独特的，

独一无二的！

只有认识到这种唯一性的人，

才会安心做好自己！

诚心接纳自己，

并在每一个经历中获得心灵的启迪。

灵魂通过我们寻找自己的过程实现它的目的。

于静默处得见大世界

504　什么是自立？

立者有三：

精神独立，心态不易失衡；

心智独立，身心不易失衡；

经济独立，能量不易失衡。

自立者，能摆正

自己与自己、自己与他人、自己与世界的关系。

Ⅲ

·

穿越孤独，无所不容

关系／归位

505　在自己是谁这件事情上，

很多人还不如一只猫懂得多。

至少猫咪起居有节，

放松得法，非常有爱，

懂得陪伴主人还没有任何强迫，

最难能可贵的是它拥有毋庸置疑的自由。

于静默处得见大世界

506　人生态度很重要。

试图在同类或圈子中证实自我的人

从未有忠于自我的机会；

把人生当舞台的人早晚要面对谢幕后

一个褪去角色光环的孤独身影；

把人生当道场的人随时可以看到自我的真相，

不自欺也不欺人，活出无怨而丰富的生命。

Ⅲ

·

穿越孤独，无所不容

关系／归位

507 "关系揭示人生的意义"，

自私和索取带来的贪婪只会腐坏生命，

不会创造和谐。

只有认识到了关系中的角色，

我们才可能真正认识自己；

只有通过关系的建立我们才可能体现价值；

只有被人需要，我们的生命才会满足。

人是通过接受关系、建立关系、维持关系、

创造关系来摸索自我的边界，

进而突破小我的局限和自我的禁锢到达融合之境。

不是躲到哪里修行的逃避，也不是认哪些上师的

荣耀，更不是算命有多灵的利用；

人只要体认"关系即互相需要"的本质，

服务就会成为自愿而乐于去做的事情，

每个人的本色和个性就会得到尊重。

上天令我们不同，

是因为我们可以互相满足对方的需要。

于静默处得见大世界

540

508 只有对自己负责的人才能够对任何事负责；

凡是为别人活的人都会为自己的牺牲

索取别人的自由，

索而不得的痛苦将永远如影随形。

不论你是为孩子还是为孩子的孩子，

还是为那个你爱着的男人或女人，

这种牺牲都是不必要的一厢情愿。

太多时候，社会用牺牲炮制的荣耀

往往是令人看不到真相的幕布。

活出自由的人生需要认识到边界。

懂得边界才有真正的无限出现。

其余都是自欺！

Ⅲ
·
穿越孤独，无所不容
关系／归位

509　在关系中，

最不可靠的就是"相依为命"，

它令双方都失去了独立与完整的机会。

只有独立在先，才有依赖存在；

只有不依赖，才有平等的可能。

平等首先是心智上的理解

而非人们以为的经济上的比较。

于静默处得见大世界

510　在一切关系中，

控制的后面是看不见的恐惧，

允许的后面是自足的强大。

III
·

穿越孤独，无所不容

关系／归位

511　不论做什么，仅仅掌握技术是不够的，

　　　　它必须成为充满个人特质的技艺杰作

　　　　才会为你带来终极的自由。

　　　　坚持做自己的人会一直创新，

　　　　从来不会把模仿和重复别人当成重点。

　　　　他们拒绝成为别人的结果是被别人模仿。

于静默处得见大世界

512　所有对于关系的执着，

都缘于背后有一个脆弱的自我。

其实，一个不能自我做主的人

又如何让别人承担自己沉重的人生呢？

神也不能。

只有无所执才得自由，只有无所畏才得欢喜，

任何对别人的期望与不满

都是对自己的弱小和逃避的忽略，

唯有对于自己视而不见

才会陷于难以挣脱的感情泥沼。

清明的心智比独立的经济还宝贵。

醒来吧，朋友！

Ⅲ

·

穿越孤独，无所不容

关系／归位

513　最重要的事情是

在一切关系中找到自己的位置，

以臣服的姿态进入生命的每一次历练。

真的看见对象时，

平等的交流才可能发生；

真的有爱在心里时，

一切付出都带来喜悦而非期待。

于静默处得见大世界

514 当你是下属时，

请用更高的标准

让自己成为值得信任（经历过考验）、

值得嘉许（能成别人所不成）之人，

才能说自己在进步。

当你是上级时，请让更多的人愿意跟随您。

因为你不但指出了方向，

还给他们提供展示潜能的最大空间。

要知道，忙得快乐的人没有抱怨的时间。

只有各展其能，人们才心满意足。

Ⅲ

·

穿越孤独，无所不容

关系／归位

5 1 5 老板想用能人解决组织问题，

就如同女人想用嫁人解决人生问题一样

常见而荒谬。

问题永远都是正视现实的机会，

其中蕴含着内化的启示与转化的可能。

看见组织是一个由高层、中层、基层

构成的整体，

并明了不同层级的责任与分工，

一个领导者才可能做出对的决策。

于静默处得见大世界

516　在一个小的领域里拔尖，

　　比在一个大领域里与强大的对手竞争容易得多，

　　增长速度也快得多。

　　力量的效果和作用与大小有关，更与支点有关。

　　所以，

　　"给我一个支点，我将撬起整个地球"才是真理。

Ⅲ

·

穿越孤独，无所不容

关系／归位

5 1 7 领导者需要全局思考：

用策略实现战略，

用目标统筹组织，

用产品向客户说话；

用职责落实分工，

用指标跟进结果，

用流程把握运营；

用工具指导基层，

用思想武装人心。

于静默处得见大世界

518　居高临下的领导已经时过境迁，

平等爱人的人不过是一种形容词；

真正的领导，

是能够在之前指明方向、

在其中以身作则、

在过程里激发所有人的能量、

在问题面前能够集思广益、

在前进时能让人追随的人。

III

·

穿越孤独，无所不容

关系／归位

519　老板不解决个人定位就无法看见对象，

即使有再多能人都将被忽略；

创业者如果只骄傲于自己的产品

却忽略客户的认同，

不过是用投入做自我证明。

企业发展外部环境是借口，

老板的定位、定力、定性是关键。

于静默处得见大世界

520　真正的努力，

是指一个人对自己在组织结构内的角色

具有完全尽责的承担能力。

高层必须拥有明晰的策略判断

和无私之投入的激情，

中层务必具有承上启下的目标沟通

与计划推动的协调力，

基层必须拥有不折不扣的执行力！

Ⅲ

·

穿越孤独，无所不容

关系／归位

521   "爱就是接受"。

爱一个人时，完全无我，

你已经窥见了"道"。

所以人们渴望爱情的甜蜜。

当那个忘我的瞬间过去，

人们又陷于头脑的算计中。

谁爱谁多一点？

他为什么不如当初？

他为什么要那样做？

每一个抱怨都试图修正那个活生生的人。

你拒绝他做他自己，

想要他成为你头脑中的那个遂你所愿的人；

他还是他，你却已经不是你。

恋人的关系就是这样，

要么一方为对方改变，

另一方获得短时的满意；

要么不改变，你说他不爱你。

如果改变，下一分钟，新的要求又出现了，

于静默处得见大世界

双方互相失望乃至绝望。

改变如果不是自愿，

一定是一场非人的炼狱。

所以，"爱到深处人孤独"，

讲的是透过投入的爱发现独立的真相：

圆满的人即是接受不同的人，且自足长乐。

能包容，所以可以有；

因为有，所以能给予。

Ⅲ

•

穿越孤独，无所不容

关系／归位

522 爱情，就是在相遇的时候，

我们由内心的频率振动从而第一次知道自己；

爱情，就是在一起时，

日常生活被施了魔法一般美丽异常。

爱情令人成为虔诚的信仰者，

因为在一个没有信仰的时代，

它是我们唯一能抵达内心的神圣经历。

因为爱令人脆弱又强大，因为爱喜悦又伤感；

爱带来所有灵魂层面的洗礼和对自我的颠覆：

那个时刻无我，一切仿若雪花般柔美。

于静默处得见大世界

523　爱情是两个独立灵魂的交汇，

与物质要求和所谓的责任无关。

恋人在最美的青春相遇是人生最贵重的礼物，

世上太多人靠自己朦胧的欲望

和物质、精神要求去寻找另一半而失败了，

因为依赖不会令人格完整，所求必然残缺。

一个品尝过爱的人无法过着自私囚禁的生活。

关系就是道路，深爱就是救赎。

III
·

穿越孤独，无所不容

关系／归位

524 爱不是一种依附的契约而是一种心灵的相认，

爱不是一种给予对方的自得，

而是一种关乎自我的存在状态。

凡是用物质证明的都是不自信的虚荣，

凡是用孤高证明的都是狭隘的自卑。

当你本身就是爱，世界无比璀璨，

与任何特定的人都无关。

你可以享受完整的生命。

于静默处得见大世界

很多父母从为孩子"负责"的角度出发，

包办成年孩子的学习和工作，甚至婚姻。

岂不知这是从根本上剥夺子女生命的能量。

得不到父母祝福与信任的孩子

无法独立成就任何事。

在此种风气下，太多年轻人

从未舒畅地活出过自己。

反而以被父母包养为正常。

没有精神物质独立的父母，

就没有独立自由的后代；

年轻人不知道创造力来自独立自主的生命，

就没有未来。

Ⅲ

·

穿越孤独，无所不容

关系／归位

526 能够不用自己的判断评价母亲时，

母亲就开始获得了她的尊贵！

能够不用自己的期望投射母亲时，

人就开始归位自知了；

能够不懊悔自己经历的一切时，

人就已经可以做一个孕育生命的母亲了；

能够忏悔自己对母亲的爱无法报答时，

母亲才有机会为自己的孩子骄傲。

母子连心，庆祝的形式再多样，

也不及心弦的一点点震动。

于静默处得见大世界

527　爱是一种自由的感觉，甚至都不是幸福；

　　　　因为幸福也有它的反面。

　　　　欣然享受当下的发生，

　　　　对于一切没有期盼，

　　　　没有比较，没有要求；

　　　　只做自己喜欢做的，

　　　　乐于付出自己拥有的，

　　　　也接受一切所发生的。

　　　　真正的自由自在就是如此！

Ⅲ
·

穿越孤独，无所不容

关系／归位

528　角度不同世界不同。

能俯视的人有包容之心，

能仰视的人有臣服的可能，

能平视的人有自立的精神，

能内观的人有洞察之机，

能环视的人看得清自我与世界的关系。

看得见看得远，看得广看得真，

才懂得爱自己如爱万物，唯一惟真。

于静默处得见大世界

"工作道"系列丛书

《立体金字塔——实现业绩翻倍的管理工具》

立体金字塔结构工具既是原理也是工具，既是个人的能量状态，也是团队的工作结果。

本书是"工作道"的核心体系。以心能转化为核心，以客户、产品为焦点，展开了太极能量运行的数字规律，并用直观的数学工具帮助经营团队获得业绩倍增的统一语言、统一工具、统一标准，从而实现工作效率与团队精神的双重提升。

《会发问的人赢得一切——TTT五个一结构工具》

您不是没有料，而是无法精准地抓住对象！没有对象不开口，没有问题不说话。本书从对象的问题入手教您掌握高效的互动方法。让任何有经验和有学识的人通过五个一工具变现自己的经验价值。

《做自己美好人生的指挥家——俐安心语》

每个活生生的人都可能走过偏强、封闭、痛苦、强势、脆弱的心灵之旅。关键如何通过反省接纳自己的人生，如何通过敞开自己获得前行的动力？不在懊悔中虚度年华，而在行动中提升自身的作者用平实的语言分享自己的心灵感悟。向内愈深，向外愈远。

正觉咨询

走进
"正觉道"
开启
"立体金字塔心能结构场"

2013年1月始至今，"正觉道·立体金字塔业绩倍增实战训练"7年连续开课181期，已服务企业逾700家，覆盖行业50余个，听课学员超5万人次。

客户既有华为、银河、移动、万达、航通等大型国企、外企，也有一线中小民营服务业。主要客户来自中国美业高端市场。

客户中85%以上的企业，已通过"立体金字塔的心能结构理论"实现了团队整合及业绩连年倍增。

用"心能的金字塔数学模型""能量的太极理论""团队的结构互动"，用带领管理团队实战穿越的"咨询式实战指导"，帮助众多企业克服惯性的决策误区，进入业绩翻倍的金字塔结构理论的实践中。无可辩驳的业绩倍增，让越来越多的企业家信任追随。

"俪安心语"微信公众号平台，从2012年10月3日至今，8年3000条原创"心语"，已收获6万多高净值粉丝。2020年1—5月，"俪安心语"平台内设"正觉课堂"，在线学习达27万人次。

俪安心语

正觉道金字塔课堂

网址：www.lianclass.com
微信公众号：俪安心语、正觉道金字塔课堂
邮箱：contact@lianclass.com
地址：上海市徐汇区肇嘉浜路680号金钟大厦313室

图书在版编目（CIP）数据

于静默处得见大世界：俐安心语 / 朱俐安著. — 桂林：
漓江出版社，2021.1（2021.1 重印）
ISBN 978-7-5407-8920-6

Ⅰ．①于… Ⅱ．①朱… Ⅲ．①人生哲学－通俗读物
Ⅳ．① B821-49

中国版本图书馆 CIP 数据核字 (2020) 第 180211 号

于静默处得见大世界——俐安心语

YU JINGMO CHU DEJIAN DA SHIJIE——LI'AN XINYU

朱俐安　著

出 版 人　刘迪才
策划编辑　符红霞
责任编辑　符红霞
助理编辑　赵卫平
封面设计　张　航
内文设计　XXL Studio
责任监印　黄菲菲

出版发行　漓江出版社有限公司
社　　址　广西桂林市南环路 22 号
邮　　编　541002
发行电话　010-65699511　0773-2583322
传　　真　010-85891290　0773-2582200
邮购热线　0773-2582200
电子信箱　ljcbs@163.com
微信公众号　lijiangpress

印　　制　北京中科印刷有限公司
开　　本　787 mm×1092 mm　1/32
印　　张　17.75
字　　数　205 千字
版　　次　2021 年 1 月第 1 版
印　　次　2021 年 1 月第 2 次印刷
书　　号　ISBN 978-7-5407-8920-6
定　　价　98.00 元